Edizioni PensareDiverso
Cenacolo Jung Pauli

Wolfgang Kroemer

Das Universum ist intelligent. Die Seele existiert.

Quantenmysterien, Multiversum, Quantenverschränkung, Synchronizität. Jenseits der Materialität für eine spirituelle Vision des Kosmos.

Index des Buches

Einführung.

Die unglaublichen Entdeckungen der Quantenphysik verändern die Annahmen der klassischen Wissenschaft grundlegend. Heute ermöglicht die Technik erstaunliche Leistungen. So werden beispielsweise die ersten Quantencomputer mit nahezu unbegrenzten Rechenkapazitäten realisiert. Einige unterstützen die reale Möglichkeit von Zeitreisen. Neben diesen Neuerungen, die der Öffentlichkeit bekannt sind, sind andere weniger bekannt, aber nicht weniger wichtig. Dies sind die Neuheiten, die sich aus Quantenstudien ergeben, unter denen die "Überlagerung von Zuständen" und der "Quantenkollaps" zu nennen sind.

Die "Überlagerung von Zuständen" bestätigt, dass dasselbe Teilchen gleichzeitig an zwei oder mehr Stellen gefunden werden kann. Die Theorie des "Quantenkollapses" bestätigt, dass das Verhalten der Materie einfach durch Beobachtung bestimmt werden kann. Dies sind keine Annahmen, sondern experimentell verifizierte Prinzipien.

Dieses Buch befasst sich nicht nur mit diesen Innovationen, sondern gibt auch fortgeschritteneren Theorien viel Raum. Dies sind Theorien, die angekündigt, aber noch nicht bestätigt wurden. Darüber hinaus bewertet das

Buch auch die abenteuerlichsten Theorien, sofern sie wissenschaftlich fundiert sind.

Das Buch spricht zum Beispiel über das Multiversum oder die Theorie der Paralleluniversen, die der Physiker Hugh Everett vorgeschlagen hat. Ebenso spricht das Buch von Nichtlokalität. Es ist ein psychischer Raum, der völlig unabhängig von den Gesetzen der klassischen Physik ist. Aufgrund der Nichtlokalität verhalten sich Elementarteilchen, die sich in astronomischen Entfernungen befinden, so, als wären sie eins.

In diesem Buch geht es auch um die neuesten Forschungsergebnisse von Roger Penrose, einem Physiker ohne Bezug zu einer Religion, und Stuart Hameroff. Diesen beiden Wissenschaftlern zufolge existiert die Seele und kann mit Quantenfluktuationen identifiziert werden. Diese Schwankungen haben die Fähigkeit, den physischen Tod des Körpers zu überleben.

Wenn es sich bei den "Seelen" wirklich um Verdichtungen von Quantenfluktuationen handelt, können wir eine Frage formulieren: Wird es jemals möglich sein, Instrumente zu entwickeln, die den Dialog mit diesen Fluktuationen ermöglichen?

Das Buch enthüllt die Forschung etablierter Wissenschaftler, ohne jedoch eine mathematische Formel zu verwenden. Die Theorien werden auf einfache und verständliche Weise jedem zugänglich gemacht. Auf diese Weise kann jeder die ungeahnten Aspekte der Realität entdecken, in der wir leben.

Es ist klar, dass die Quantenphysik das Ende des Materialismus und den Beginn einer neuen Kulturphase bestimmt, die auf der Zusammenarbeit zwischen Geist und Materie beruht.

Leben in der Schale einer Walnuss

*Mein Ziel ist einfach. Es ist das vollständige
Verständnis des Universums. Ich möchte verstehen,
warum das Universum so gemacht wird, wie es ist, und
warum es tatsächlich existiert.*
(Stephen Hawking, Astrophysiker)

Was hat Hamlet mit Stephen Hawking zu tun?

Am 14. März 2018 verstarb in Cambridge einer der bekanntesten Wissenschaftler unserer Zeit, der Astrophysiker Stephen Hawking. Seine Interessen erstreckten sich über weite Wissensgebiete. Beispielsweise führte er zunächst wissenschaftliche Studien zu den astronomischen Ausrichtungen von Stonehenge durch.

Hawking war auch ein sehr wertvoller Kommunikator. Sein berühmtestes Werk, das Buch "Eine kurze Geschichte der Zeit", erschien 1988 und wurde weltweit mehr als zehn Millionen Mal verkauft.

2001 veröffentlichte Hawking einen weiteren Hit, "The Universe in a Nutshell". Der Titel ist recht originell, um keine Neugier zu wecken. Tatsächlich wird der Verweis auf die Nussschale in der Einleitung nicht erläutert. Wir können nur einen Verweis auf den Anfang des dritten Kapitels finden. Hier ist ein Zitat aus Shakespeares Hamlet:

> "Oh Gott, ich könnte in der Schale einer Erdnuss leben und mich als König des unendlichen Raums sehen. ""
> *(Hamlet, Akt II)*

Hawking ist ein Mann von großer Kultur. Es gibt einen bestimmten Grund, warum er sich für diesen Satz entschieden hat. In diesem Kapitel wird der Grund für diese Auswahl erläutert. Ausgehend von diesem Zitat werden wir in der Lage sein, die unten diskutierten Themen zu verstehen.

Ein Autor, der seine Zeit repräsentiert.

William Shakespeare lebte zwischen 1564 und 1616. Er produzierte viele Werke. Unter diesen Werken ist sicherlich das Hamlet das bekannteste, das Shakespeare zwischen 1600 und 1602 schrieb.

Hamlet ist eine Tragödie und erzählt einige scheinbar fantastische Ereignisse, die jedoch mit dem politischen und kulturellen Kontext der Zeit verknüpft werden können. In der Tat füllt Shakespeare die Erzählung mit Implikationen. Folglich kann der Inhalt der Arbeit auf verschiedenen Ebenen bewertet werden. Wir können die narrative Ebene und die historische Ebene unterscheiden. Es gibt aber auch eine dritte Ebene. Dies kann als Umsetzung der Meinung des Autors in Bezug auf das kulturelle Ferment der Zeit betrachtet werden.

Die drei Ebenen sind im beigefügten Diagramm zusammengefasst. Die Kenntnis der detaillierten Handlung von Hamlet ist nicht wesentlich für das Verständnis der verschiedenen Interpretationen. Wir können uns kurz daran erinnern, dass eine der Hauptfiguren König Claudius ist. Claudio heiratete Gertrude, die Witwe des verstorbenen Königs Hamlet. Gertrude ist übrigens die Mutter von Prinz Hamlet. (Seltsamerweise hat der junge Prinz den gleichen Namen wie sein Vater).

Der Geist des verstorbenen Königs erscheint seinem Sohn Hamlet und enthüllt das Geheimnis seines Todes. Er behauptet, von Claudio getötet worden zu sein. Claudio hat das Verbrechen begangen, um das Königreich an sich zu reißen und Gertrude zu heiraten. Wer möchte, findet im Anhang eine Zusammenfassung der Handlung.

In der Erzählung verflechten sich die Wechselfälle eines negativen Charakters, des Königs Claudius, Mörder und Usurpator, mit denen eines Opfers, Prinz Hamlet.

Der Prinz muss, obwohl er recht hat, vortäuschen, verrückt zu sein, um andere negative Handlungen von Cladio zu vermeiden. Shakespeare befasst sich mit der "gut-schlecht"-Antinomie, die sich aus seinen kulturellen Bekanntschaften und den ihn betreffenden wissenschaftlichen Auseinandersetzungen ableitet. Er schreibt die Rolle des "Bösewichts", vertreten durch König Claudius, dem Astronomen Tycho Brahe zu.

Abbildung 1 - Stephen Hawking am Tag seiner ersten Heirat 1963 mit Jane Wilde. Kurz darauf wurde er von der Krankheit heimgesucht, die ihn zwang, im Rollstuhl zu leben.

Stattdessen wird die Rolle des "Guten" von Prinz Hamlet interpretiert. In der zugrunde liegenden Handlung von Shakespeare ist das "Gute" jedoch ein weiterer Astronom, Thomas Digges.

Offensichtlich unterstützten die beiden Astronomen unterschiedliche Theorien und Shakespeare stimmte entschieden mit einer der beiden überein, dh mit Digges.

Dies bedeutet, dass Sakespaere mit der von Digges unterstützten kopernikanischen These über die Position der Erde im Universum einverstanden war. Diese These war das Gegenteil der von Brahe vertretenen, ptolemäischen These.

Die kopernikanische These sah voraus, dass sich die Erde um die Sonne drehte, während die ptolemäische im Gegenteil voraussah, dass sich die Sonne um die Erde drehte.

Interpretationsstufen von Shakespeares Hamlet

König Claudio

Storytelling-Level. Der Geist von Hamlets Vater enthüllt, dass Claudio ihn getötet hat, um den Thron zu stehlen und die verwitwete Königin Gertrude zu heiraten.

Historisches Niveau. Claudius wird mit Friedrich II. (1534-1588) identifiziert, der König von Danimara und Norwegen war. Als der Astronom Tycho Brahe berühmt wird, schenkt Claudio ihm eine Insel in der Nähe des Schlosses von Helsingør.

Shakespeare-Anspielung. König Claudius vertritt die von Tycho Brahe unterstützte ptolemäische These. Diese These stellt die Erde in den Mittelpunkt des Universums. Shakespeare billigt diese These nicht.

Rosencrantz und Guildenstern

Storytelling-Level. Sie sind Freunde von Hamlet. Claudio ruft sie herbei und weist ihnen die Aufgabe zu, Hamlets Wahnsinn zu untersuchen.

Historisches Niveau. Unter den Vorfahren von Tycho Brahe tauchen zwei praktisch gleiche Nachnamen auf.

Shakespeare-Anspielung. Die beiden Charaktere übernehmen die Aufgabe, Hamlet zu überzeugen, aber sie können es nicht. Sie repräsentieren die traditionelle Wissenschaft, die weiterhin Ptolemäus These unterstützt, aber im Begriff ist, durch die Copernicus These ersetzt zu werden.

Königin Gertrud

Storytelling-Level. Ehefrau des verstorbenen Königs Hamlet. Unmittelbar nach dem Tod ihres Mannes willigte sie ein, Claudio zu heiraten.

Historisches Niveau. Gertrude ist Königin Sofia, Ehefrau von Friedrich II. Und Mutter von Christian IV.

Shakespeare-Anspielung. Wahrscheinlich gab es eine romantische Beziehung zwischen Sofia und Tycho. Dies bindet

Tychos ptolemäische Thesen noch stärker an das in dieser historischen Periode vorherrschende Establishment.

Bernardo

Storytelling-Level. Im ersten Akt der Tragödie erwähnt Bernard einen Stern, der am Himmel auftauchte und Unglück brachte.

Historisches Niveau. Dieser Stern wäre die Supernova, die 1572 in Europa auftauchte und von Tychio Brahe beschrieben wurde.

Shakespeare-Anspielung. Der neue Stern kündigt Unglück an, weil es mit dem Erscheinen des Geistes des verstorbenen Königs Hamlet zusammenfällt.

Prinz Hamlet

Storytelling-Level. Der Geist seines Vaters enthüllt das Verbrechen von Claudio.

Historisches Niveau. Prinz Hamlet wird mit König Christian IV identifiziert. Als er auf den Thron steigt, beginnt Christian einen Prozess gegen Tycho Brahe und zwingt ihn, nach Prag auszuwandern. Cristiano will sich wahrscheinlich an Tychos Beziehung zu seiner Mutter Sofia rächen.

Shakespeare-Anspielung. Hamlet vertritt die These von Thomas Digges. Digges unterstützt das von Copernicus vorgeschlagene Modell des Universums. In diesem Modell befindet sich die Sonne im Zentrum des Universums.

Kopernikus schmälert die Rolle der Erde, die nicht mehr im Zentrum von allem steht. Aber Hamlet hält diese Herabstufung nicht für wichtig. Er fühlt sich glücklich, auch in der Schale einer Erdnuss zu leben.

Tycho Brahe und die Supernova N1572

Tycho Brahe war ein brillanter junger Mann. 1572, im Alter von 27 Jahren, erlangte er internationalen Ruhm, indem er die Explosion einer Supernova beschrieb. Heute identifizieren wir dieses astronomische Ereignis mit den Initialen N1572 oder mit dem Namen "Eta-Cassiopeiae B", "der Supernova von Tycho".

In den Augen der Uneingeweihten ähnelt eine Supernova einem neuen, sehr leuchtenden Stern, der plötzlich am Himmel erscheint. Zu Tychos Zeiten gab das Erscheinen neuer Himmelsobjekte Anlass zu großer Sorge, da dieses Phänomen als bedrohliches Omen interpretiert wurde.

Tatsächlich setzt Shakespeare dieses Ereignis gleich am Anfang von Hamlet an, als wollte er die Tragödie der Ereignisse ankündigen, die unten erzählt werden.

Im ersten Akt von Hamlet kommt Bernardo, ein Soldat im Dienste des Königs, an die Stände des Schlosses, um Francesco einen Wachwechsel zu ermöglichen. Kurz darauf treffen auch Marcello und Orazio ein. Diese vier Charaktere sprechen von den Erscheinungen des Gespenstes des zwei Monate zuvor verstorbenen Königs. Die Erscheinungen sind mit dem Weg am Himmel des neuen Sterns verbunden. Bernardo berichtet die Fakten auf diese Weise:

Abbildung 2 - Porträt von Tycho Brahe, umgeben von den Wappen seiner Vorfahren, von denen zwei die Nachnamen Rosenkrantz und Guildenstierne tragen. Diese Familiennamen ähneln außerordentlich denen zweier Charaktere, die Hamlets Kommilitonen waren.

"Last night of all, When yond same star that's
westward from the pole. Had made his course
t' illume that part of heaven. Where now it
burns, Marcellus and myself, The bell then
beating one..."

Gleichzeitig mit dem Stern erscheint aber auch das
Gespenst des Königs"

Als die Supenova 1572 explodierte, war Shakespeare
acht Jahre alt. Das Ereignis hat ihn sicherlich sehr beeindruckt und war für sein kulturelles Wachstum von
Bedeutung.

Tycho Brahe beobachtete das Phänomen auch am
Abend des 11. November 1572:

"Plötzlich und unerwartet sah ich einen unbekannten Stern im Zenit mit einem sehr hellen
Licht."

Die Supernova hatte eine Helligkeit, die mit der des
Planeten Venus vergleichbar war. Es war auch am Himmel bei Tag sichtbar. Tycho beschrieb das Phänomen in
einem kleinen, 1573 veröffentlichten Band mit dem Titel
"De nova stella".

Die Supernova hörte 1574 auf zu leuchten, aber met-
aphorisch begann Tychos guter Stern von diesem Mo-
ment an zu leuchten. Der Astronom wurde international
so berühmt, dass König Friedrich II. (In der Tragödie
Claudio) ihm die Insel Hven schenkte, die sich in der
Nähe seines Schlosses von Helsingør am Eingang zur
Øresundstraße befand. Auf dieser Insel ließ Tycho eine
Burg errichten, die er zu Ehren der Muse der Astronomie,
Urania, Uranienborg nannte.

Die Geschichte endet auf unwissenschaftliche Weise. Es scheint, dass Tycho die Geliebte von Königin Gertrud, der Witwe des getöteten Königs, geworden ist. In der historischen Realität war Gertrude Königin Sofia, Ehefrau Friedrichs II. Und Mutter seines Nachfolgers Christian IV..

Offensichtlich gefiel Cristiano IV. Die Beziehung des Astronomen zu seiner Mutter nicht. Als er den Thron bestieg, veränderte der neue König das Verhältnis zwischen dem Königshaus und Tycho entscheidend und leitete ein Gerichtsverfahren gegen ihn ein.

Danach verließ Tycho 1597 die Insel Hven und wanderte nach Prag aus. Sowohl das Schloss Uranienborg als auch der nahe gelegene astronomische Komplex von Stjerneborg wurden kurz nach dem Tod des Astronomen zerstört. In den 1950er Jahren wurden in Stjerneborg archäologische Ausgrabungen durchgeführt. Später wurde die Seite wieder aufgebaut. Derzeit beherbergt Uranienborg ein Museum, das Tycho Brahe und der Geschichte der Insel Hven gewidmet ist.

Was die Kenntnis der Supernova angeht, wusste bis zum letzten Jahrhundert niemand, um welche Art von Himmelsobjekt es sich handelte. Nach 1952 begannen Astronomen, die Emissionen des Himmels im Hochfrequenzband zu untersuchen. Dadurch konnten die Überreste von Tychos Supernova mit dem Objekt 3C10 identifiziert werden. Es scheint, dass diese Supernova durch die Explosion eines weißen Zwergs erzeugt wurde, der die Grenze von Chandrasekhar überschritten hatte und Materie von einem anderen Stern aufgesaugt hatte. Im

Jahr 2005 identifizierten die Astronauten auch den anderen Stern des binären Systems und nannten ihn Tycho G.

Astronomische Auseinandersetzungen

Not from the stars do I my judgement pluck;
And yet methinks I have Astronomy,
But not to tell of good or evil luck,
Of plagues, of dearths, or seasons' quality;
Nor can I fortune to brief minutes tell,
Pointing to each his thunder, rain and wind,
Or say with princes if it shall go well
By oft predict that I in heaven find:
But from thine eyes my knowledge I derive,
And, constant stars, in them I read such art
As truth and beauty shall together thrive,
If from thyself, to store thou wouldst convert;
Or else of thee this I prognosticate:
Thy end is truth's and beauty's doom and date.

(William Shakespeare, Sonnet XIV)

Das ptolemäische System

Der Streit auf diesen Seiten beschränkt sich auf die Gedanken von Tycho Brahe und Thomas Digges. Bevor wir jedoch ins Detail gehen, ist es ratsam, kurz die Frage zu skizzieren, die zu dem Streit geführt hat. Die beiden hatten unterschiedliche Vorstellungen über die Form und Funktionsweise des Universums. In dieser Hinsicht wurden viele Theorien im Laufe der Menschheitsgeschichte ausgearbeitet.

Die Griechen waren die ersten, die ein Modell des Sonnensystems machten. Hipparchus, ein Philosoph, der zwischen 200 und 120 v. Chr. Lebte, studierte sorgfältig die Beobachtungen und Erkenntnisse, die die babylonischen Chaldäer im Laufe der Jahrhunderte gesammelt hatten. Ipparco nutzte dieses Wissen, um ein Modell zu entwickeln, das die Bewegung der Sonne und des Mondes erklären kann.

Im 2. Jahrhundert n.Chr das von Claudius Ptolemäus entwickelte Modell hat sich durchgesetzt. Ptolemaios war ein Grieche der hellenistischen Sprache und Kultur. Er war Astrologe, Astronom und Geograf. Er lebte zwischen 100 und 175 n. Chr. In Alexandria in Ägypten (*Abbildung 3*).

Ptolemaios schlug das sogenannte ptolemäische oder geozentrische Modell vor. Nach diesem Modell ist das Sonnensystem eine große Kugel im Zentrum des Universums. Die Erde ist flach und unbeweglich und befindet sich im Zentrum der Himmelssphäre. Die Sonne, der Mond und die anderen Planeten kreisen um die Erde

Schließlich behauptet Ptolemaios, die Grenze des Universums bestehe aus der Sphäre der Fixsterne. Nach Ptolemaios ist das Universum voll und hat Grenzen, daher ist es räumlich begrenzt. Ptolemäus Universum ist nicht unendlich.

Im Mittelalter wurde das Modell des Ptolemäus noch akzeptiert, jedoch mit unterschiedlichen Interpretationen. Es gab zwei Hauptinterpretationen.

Eine Interpretation hieß "mathematische Astronomie" und basierte auf Ptolemäus 'Hauptwerk "*Almagesto*". Diese Interpretation war für Berechnungen und Prognosen geeignet, aber nicht sehr organisch.

Die zweite Interpretation, "physikalische Kosmologie" genannt, basierte auf der Arbeit "*De Caelo*" von Aristoteles. Diese Interpretation war anthropozentrisch und logisch konsistent. Leider konnte er einige physikalische Phänomene nicht erklären, so dass es auf praktischer Ebene nicht konsistent war.

Während des Mittelalters unterstützte die Kirche das ptolemäische System durch schulische Philosophie. Tatsächlich wird dieses System von Dante Alighieri in der *Göttlichen Komödie* dargestellt.

Die kopernikanische Revolution

Die kopernikanische Revolution beginnt im Jahr 1543. In diesem Jahr veröffentlicht Mikołaj Kopernik das "*De revolutionibus orbium coelestium*" (Die Revolutionen der Himmelskörper).

Mikołaj Kopernik war ein polnischer Astronom, der am 19. Februar 1473 in Toruń geboren wurde und am 24. Mai 1543 in Frombork starb (Abbildung 4).

Sein Name wurde auf Italienisch als Niccolò Copernico wiedergegeben.

Copernicus ersetzte das geozentrische System von Ptolemäus durch ein heliozentrisches System. Während Ptolemaios die Erde in den Mittelpunkt stellte, stellte Kopernikus die Sonne in den Mittelpunkt des Universums.

Auch für Copernicus ist das Universum voll und hat Grenzen. Aber im Zentrum von allem steht die Sonne. Die Erde ist nicht unbeweglich, sondern dreht sich um die Sonne.

Es ist anzumerken, dass die Theorie von Copernicus vom Heliozentrismus von Aristarchus inspiriert ist, einem griechischen Astronomen, der zwischen 310 und 230 v. Chr. Auf Samos lebte. ca. Somit war Copernicus nicht der erste, der die Zentralität der Sonne aufrechterhielt. Copernicus war jedoch der erste, der die Zentralität der Sonne mit mathematischen Verfahren demonstrierte.

Das Buch des Kopernikus, "De revolutionibus", verbreitete sich zunächst selbst unter Fachleuten kaum, und zwar in den mathematischen und astronomischen Umgebungen der damaligen Zeit. Jemand verachtete das Buch. Diese Tendenz hat sich bis vor kurzem fortgesetzt. 1959 schrieb der Philosoph Arthur Koestler sein Werk "The sleepwalkers", in dem er über das Buch "De revolutionibus" spricht und es definiert "... das Buch, das noch niemand gelesen hat".

Viele Jahrzehnte lang wurde die Copernicus-Theorie von der Etablierung der Zeit weitgehend ignoriert. Nur sehr wenige Universitätskurse führten die kopernikanische Theorie zusammen mit der Ptolemäischen Theorie an, die regelmäßig unterrichtet wurde.

Die katholische Kirche war anfangs nicht feindlich eingestellt. Der "De revolutionibus" wurde von jesuitischen Astronomen und Mathematikern sorgfältig überlegt. Diese bevorzugten jedoch entschieden das von Tycho Brahe zwischen 1587 und 1588 entwickelte "Ticonian"-System.

Wir müssen jedoch anerkennen, dass 1582 einige Copernicus-Berechnungen für die Reform des Gregorianischen Kalenders verwendet wurden.

Das "De revolutionibus" wurde vom Heiligen Amt in das "Index librorum prohibitorum" oder "Index der verbotenen Bücher" aufgenommen. Glücklicherweise geschah dies einige Jahrzehnte nach der Veröffentlichung. Diese Verzögerung ermöglichte es Copernicus Theorie, selbst die religiösen kulturellen Umgebungen zu verbreiten, die seiner Idee am meisten widersprachen.

Die endgültige Behauptung der heliozentrischen Theorie geht auf die Väter der modernen Astronomie, Galileo Galilei und Isaac Newton, zurück. Vor Galileo hatte Tycho Brahe einen Kompromiss zwischen dem ptolemäischen und dem kopernikanischen Modell vorgeschlagen, indem er das sogenannte "Ticonian"-Modell vorschlug. Nach diesem Modell drehen sich alle Planeten um die Sonne. Sonne und Mond drehen sich jedoch um die Erde. Galileo lehnte diese Theorie jedoch ab.

Die Bedeutung von Copernicus 'Werk setzte sich erstmals in England durch, vor allem dank Thomas Digges, der das kopernikanische Modell in seinem Aufsatz "A Perfect Description of the Caelestial Orbes" unterstützte.

Ein weiterer Beitrag war die Veröffentlichung von Giordano Brunos Buch "La cena delle ceneri", das John Charlewood 1584 in London veröffentlichte.

Am Ende des "De revolutonibus" legt Copernicus sieben Punkte offen, die seine Theorie zusammenfassen. Ich erinnere mich an jemanden:

- Die Umlaufbahnen und die Himmelskugeln haben kein einziges Zentrum.

- Der Mittelpunkt der Erde ist nicht der Mittelpunkt des Universums.

Abbildung 3 - Ptolemäus war ein griechischer Astronom und Geograf, der zwischen 100 und 175 n. Chr. In Alexandria in Ägypten lebte Er schlug das sogenannte ptolemäische oder geozentrische System vor.

Abbildung 4 - Niccolò Copernico, ein polnischer Astronom und Astrologe, ersetzte das geozentrische System von Ptolemäus durch ein heliozentrisches System.

- Alle Himmelskugeln drehen sich um die Sonne. Somit befindet sich das Zentrum des Universums in der Nähe der Sonne.

- Der Abstand zwischen der Erde und der Höhe des Firmaments macht die Bewegungen der Fixsterne nicht wahrnehmbar.

- Welche Bewegung am Firmament auftritt, hängt nicht vom Firmament selbst ab, sondern von der Erde. Die Erde dreht sich um ihre Pole. Das Firmament bleibt jedoch unbeweglich.

Einige dieser Punkte werden später von Kepler und anderen Studien genauer spezifiziert.

Im Vergleich zu den bisherigen kosmologischen Modellen hatte das kopernikanische Modell eine große revolutionäre Bedeutung. Der Philosoph Immanuel Kant prägte zuerst den Begriff "kopernikanische Revolution". Dieser literarische Begriff wird heute noch im übertragenen Sinne verwendet, um Prozesse der Umkehrung der grundlegenden Paradigmen eines Arguments anzuzeigen.

Tycho Brahe und das Ticonian-System

Tycho Brahe kultivierte seine Leidenschaft für die Astronomie seit seiner Jugend. Er studierte die Texte der Antike, insbesondere das *"Almagesto"* des Ptolemäus und das *"De revolutionibus"* des Kopernikus. Er teilte jedoch keine der beiden Hypothesen über die Position der Planeten.

In der Tat stellt der dänische Astronom einen Wende-
punkt zwischen den Konzepten der alten und der modernen Astronomie dar. 1588 veröffentlichte Tycho die
"De mundi aetherei recentioribus phaenomenis", in der
er das ptolemäische System bestritt, wonach sich alles um
die Erde dreht. Er stellt sich eine hybride Situation vor,
ein System, das als "Ticonianisches System" bekannt ist.
Nach diesem System drehen sich die Planeten um die
Sonne, mit Ausnahme der Erde. Die Sonne dreht sich mit
den anderen Planeten um die Erde. Die Erde bleibt im
Zentrum des Kosmos unbeweglich. (*Abbildung 5*).

Brahe genoss große Autorität und befürwortete mit
seiner These den Niedergang des ptolemäischen Systems.
Gleichzeitig verzögerte seine These die Behauptung des
kopernikanischen Systems.

Tychio hatte von Copernicus gelernt, dass sich die
Planeten um die Sonne drehen, aber er hatte nicht den
Mut gefunden, dasselbe Prinzip auch für die Erde zu
bestätigen.

Seine Studien waren jedoch für einen anderen Astronomen, Kepler, von großer Hilfe. Kepler war Tychos As-
sistent während des Prager Exils. Er versuchte, Brahe zu
überzeugen, das Ticonianische System aufzugeben, um
das heliozentrische System zu übernehmen, aber ohne
Ergebnisse.

Als Tycho 1601 starb, ersetzte ihn Kepler als Mathematiker und kaiserlicher Astronom in Prag.

Thomas Digges und das heliozentrische Modell

Thomas Digges (*Abbildung 7*), britischer Astronom und Mathematiker, wurde 1546 in Barnham geboren, im selben Jahr wie Tycho Brahe. So waren Digges und Brahe Zeitgenossen. Sogar Shakespeare, geboren 1564, lebte in der gleichen Zeit.

Digges 'mathematischer Hintergrund wurde von seinem Vater und einem der berühmtesten Mathematiker der Zeit, John Dee, besorgt. Digges hatte den Verdienst, der erste englische Befürworter der Copernicus-Thesen zu sein. (*Abbildung 6*).

Auch Digges konnte 1572 wie Brahe die "Stella nova" beobachten. Er veröffentlichte das Tagebuch der Supernova-Beobachtungen im Jahr 1573 in der Arbeit *"Alae sive scalae mathematica"*. Die Beobachtungen von Digges waren denen von Brahe qualitativ nicht unterlegen. In der Tat scheint er die Position der Supernova genauer berechnet zu haben.

Digges und Brahe hielten Briefwechsel, um sich über die jeweiligen Visionen des Universums auszutauschen. Diese Visionen waren entschieden gegensätzlich. Was die Beziehung zwischen den beiden jedoch wahrscheinlich noch verschärfte, war die große Anerkennung, die Brahe für seine Beobachtungen der *"Stella Nova"* erhielt. Gleichzeitig wurde Digges 'Arbeit praktisch ignoriert.

Als Shakespeare die Person des Astronomen Tycho im Usurpator Claudio identifizierte, tat er dies, um seinen persönlichen Wunsch nach Gerechtigkeit zu befriedigen.

Mit Sicherheit kam die Freundschaft zwischen Shalespeare und Digges ins Spiel. Nach Angaben einiger Biographen lebten die beiden in derselben Ortschaft. Wahrscheinlich gab es zwischen den beiden und ihren

Familien Wissen und die beiden trafen sich, um über die Themen der Zeit zu sprechen.

In Anbetracht dessen ist es möglich, dass Shakespeare die Rollen der Tragödie mithilfe einer Komponente der Parteilichkeit zugewiesen hat. Tycho übernimmt die Rolle des Usurpators Claudio. Digges übernimmt die Rolle von Hamlet, der seinen Vater und seine Mutter verloren hat

Aber sicherlich beruhte Shakespeares Entscheidung auf einer tieferen Überzeugung. Er glaubte, dass Digges 'Position zur Realität des Universums korrekter war als die von Brahe. Die Zweifel und die Probleme von Hamlet stellten die Schwierigkeiten von Digges dar, seine These zu unterstützen, da Brahe ein größeres Interesse an Zuhören und Rücksichtnahme hatte.

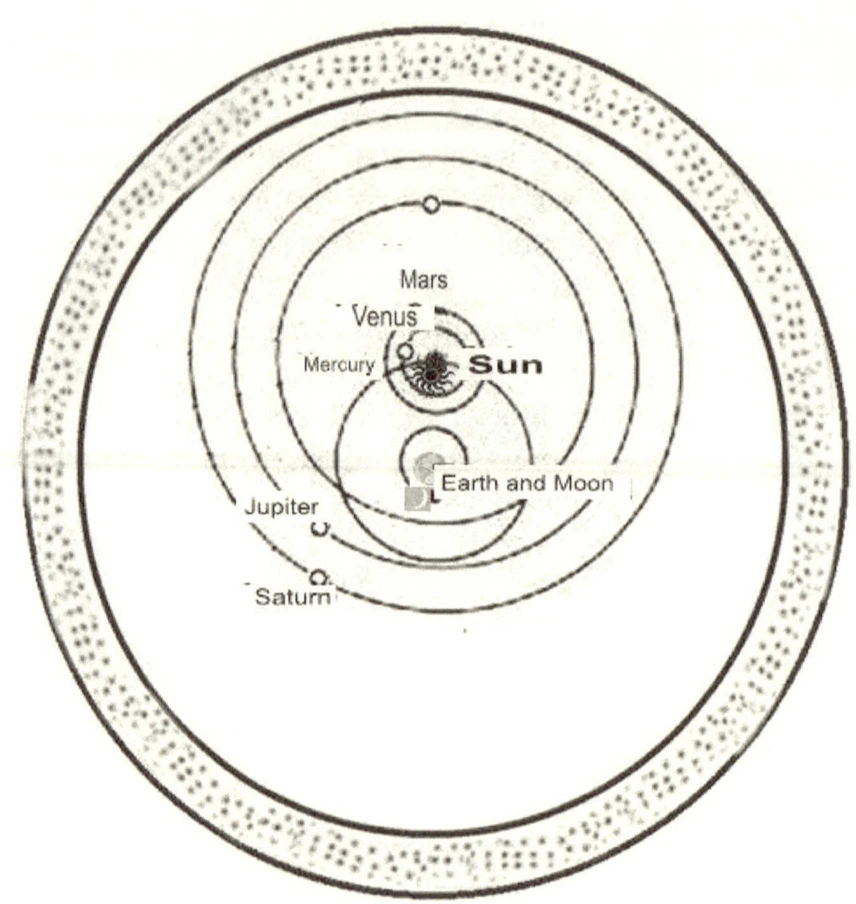

TYCHO BRAHE MODELL
Die Erde befindet sich im Zentrum des Universums. Die Planeten drehen sich um die Sonne. Die Sonne dreht sich um die Erde.

Abbildung 5 - Die Vision des Universums nach Tycho Brahe, entschieden vom ptolemäischen Modell inspiriert. Die Planeten drehen sich um die Sonne. Aber die Sonne dreht sich um die Erde, die im Zentrum von allem bleibt.

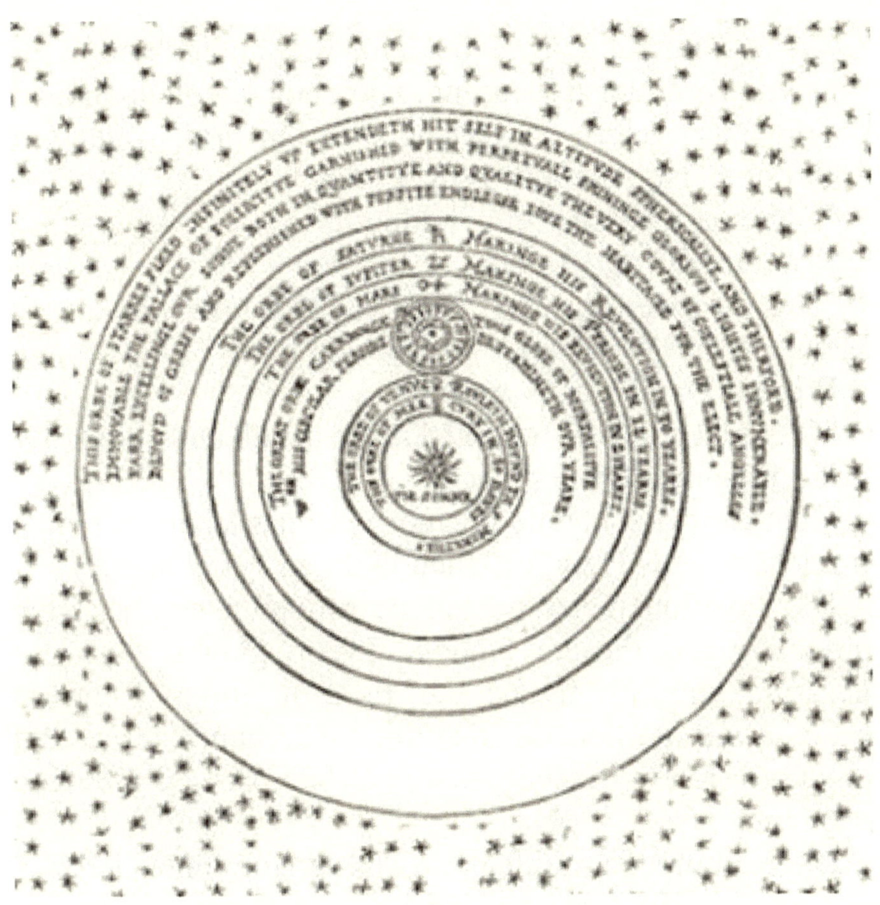

MODELL VON THOMAS DIGGES
Die Sonne steht im Zentrum des Sonnensystems. Alle Planeten drehen sich um die Sonne. Die Erde dreht sich auch um die Sonne.

Abbildung 6 - Digges 'Sicht des Universums ist eindeutig kopernikanisch ausgerichtet. Die Sonne befindet sich im Zentrum des Systems und alle Planeten kreisen darum. Wie die anderen Planeten dreht sich auch die Erde auf der dritten Umlaufbahn um die Sonne.

Unter den Dialogen zu Shakespeares Tragödie ist der zwischen Hamlet und den beiden Abgesandten von Claudius von zentraler Bedeutung. Die beiden wollen Hamlet davon überzeugen, dass Dänemark ein großartiger Ort zum Leben ist. Aber der Prinz erklärt:

"Dänemark ist alles ein Gefängnis".

Rosencrantz antwortet:

"Sag das, weil du ehrgeizig bist. Dänemark ist ein zu kleiner Raum für einen Verstand wie Ihren ".

Worauf Hamlet antwortet:

"O God, I could be bounded in a nutshell and count myself a king of infinite space".

("Oh Gott! Ich könnte in einer Walnuss leben und mich immer noch als Herr der Unendlichkeit betrachten.")

Die Positionen der beiden Astronomen ergeben sich eindeutig aus diesem Dialog. Tycho glaubt, dass das gesamte Universum aus der Erde in ihrem Zentrum besteht, mit Sternen, die sich um sie drehen. Er vermutet ein Universum von begrenzter Größe, dessen Grenzen eng sind.

Digges hingegen schlägt ein Universum ohne Grenzen vor, in dem die Erde nur ein Planet ist, der den unendlichen anderen ebenbürtig ist.

In Digges 'Vision fühlt sich der Mensch, obwohl er auf einen unbedeutenden Planeten beschränkt ist, der Herr von etwas viel Größerem, das heißt von einem unendlichen Universum.

Um diesen Exkurs in der Geschichte von Hamlet und seinem Autor abzuschließen, können wir die Bedingungen des Dilemmas zusammenfassen. Offensichtlich war dies jenseits expliziter Narration. Das Dilemma, das

Shakespeare quälte, hing mit der Essenz des Universums zusammen. Lebt der Mensch an einem begrenzten Ort mit genauen Grenzen oder an einem unendlichen Ort in jeder Richtung?

Einige mögen denken, dass dies eine Auseinandersetzung des 16. Jahrhunderts ist, das heißt, etwas, das nicht mehr wichtig ist. Nun, er irrt sich sehr. Dieser Streit ist noch nicht beigelegt.

"De l'infinito, universo e mondi"

Dem Menschen sind keine Grenzen gesetzt. Wenn er das merkt, wird er in allen Welten Freiheit erlangt haben.
(Giordano Bruno, Philosoph)

Giordano Bruno, der Philosoph des Unendlichen

Hat das Universum also eine Grenze oder ist es unendlich? Um die Kontroverse über die Größe des Universums zu vertiefen, können wir einen Charakter nicht ignorieren, der nicht zögerte, an der Diskussion teilzunehmen, in dem Wissen, dass er sein Leben aufs Spiel setzte. Ich spreche von Giordano Bruno (Abbildung 8). Da Bruno weder Wissenschaftler noch Astronom war, näherte er sich dem Thema aus einer ganz anderen Perspektive. Er war ein katholischer Ordensangehöriger der Dominikaner.

Bruno war ein Zeitgenosse aller anderen oben genannten Charaktere. Er wurde 1548 geboren und starb 1600. Es ist jedoch unwahrscheinlich, dass er kulturelle Beziehungen zu den genannten Personen unterhielt, da er an verschiedenen Orten lebte.

Sein religiöser Zustand und die Umgebung, in der er seine Ideen veröffentlichte, erlaubten ihm nicht, die Gedankenfreiheit zu genießen, die Copernicus und Digges genossen hatten.

Bruno kollidierte sein ganzes Leben mit den Ideen der katholischen Theologie. Diese Ideen besiegten den Philosophen endgültig am 17. Februar 1600, als er auf dem Scheiterhaufen auf der Piazza Campo dei Fiori in Rom verbrannt wurde.

Brunos richtiger Vorname war Filippo. Er hatte diesen Namen erhalten, um den Thronfolger von Spanien Philipp II zu ehren.

In Bezug auf seine Herkunft gibt Bruno diese Informationen während der Verhöre, denen er unterzogen wurde. Ich berichte die Informationen in der wundervollen Sprache von 1600 Italien. Dies ist die Sprache, die Bruno beim Schreiben seiner Bücher verwendet und die noch heute in den Veröffentlichungen erhalten ist:

"Io ho nome Giordano della famiglia di Bruni, della città de Nola vicina a Napoli dodeci miglia, nato ed allevato in quella città, e più precisamente nella contrada di San Giovanni del Cesco, ai piedi del monte Cicala, forse unico figlio del militare, l'alfiere Giovanni, e di Fraulissa Savolina, nell'anno 1548, per quanto ho inteso dalli miei".

(Mein Name ist Jordan und ich gehöre zu der Familie Bruni. Ich wurde 1548 in Nola geboren, in der Region San Giovanni von Cesco, 12 Meilen von Neapel, am Fuß des Mount Cicala. Vielleicht bin ich der einzige Sohn eines Soldaten, „alférez "Giovanni und von Fräulein Savolina. Das haben sie mir über meine Herkunft erzählt).

Brunos Philosophie konzentrierte sich auf die Idee eines unendlichen Universums. Das Universum musste unendlich sein, weil es die Emanation eines unendlichen Gottes war. Deshalb musste dieser Gott mit unendlicher Liebe zurückgebracht werden. Das Universum bestand aus einer unendlichen Anzahl von Welten.

1565 trat Bruno mit den Dominikanern in das Kloster ein. Mit 18 Jahren trat er am 16. Juni 1566 endgültig dem

Orden bei. Bei dieser Gelegenheit verzichtete er auf seinen ursprünglichen Namen Filippo, wie er von den Dominikanern vorgegeben wurde, und nahm den Namen Giordano an.

In Anbetracht seiner Aussagen verstehen wir, dass der Grund, warum er sich für die Dominikaner entschieden hat, nicht das Interesse am Ordensleben war.

Er wollte von dem kulturellen Reichtum profitieren, den er im Kloster finden würde. Tatsächlich litt er sehr unter der kulturellen Armut, die für die damaligen Volksumgebungen typisch war. Als er das erste Mal den kleinen Raum seines Klosters betrat, warf er alle Bilder der Heiligen weg, die er gefunden hatte. Er behielt nur das Kruzifix.

Im Kloster San Domenico Maggiore hätte er auf eine riesige Kultur zurückgreifen können. Bruno wusste, dass das Kloster eine sehr reiche Bibliothek hatte. Aber er war sehr verärgert, als er erfuhr, dass die Bücher von Erasmus von Rotterdam verboten waren. Er gab es nicht auf, sie zu lesen. Er erhielt die verbotenen Bücher und studierte sie heimlich.

So wurde seine kulturelle Ausbildung durch Autoren bereichert, die für einen Dominikanermönch oft verboten waren. Unter anderem Aristoteles und Thomas von Aquin, aber auch Marsilio Ficino, Raimondo Lullo und Nicola Cusano.

Leider ging seine Unabhängigkeit des Denkens zu weit für das, was einem Mönch gegeben wurde. Dies geschah, als er anfing, Zweifel an dem Dogma der Trinität zu hegen.

Der Provinzial Domenico Vita verurteilte ihn und ver-klagte ihn wegen Ketzerei. Bruno verließ Neapel und zog nach Rom. In dieser Stadt gab er die dominikanische Gewohnheit auf und nahm seinen ursprünglichen Namen Filippo wieder auf.

Das Universum ist intelligent. Die Seele existiert.

nach Rom. In dieser Stadt gab er die dominikanische Gewohnheit auf und nahm seinen ursprünglichen Namen Filippo wieder auf.

*Abbildung 7 - Thomas Digges war der erste englische Befür-
worter der Copernicus-Thesen. Der polnische Astronom setzte mit
Unterstützung von Digges die Erde um die Sonne in Bewegung.*

Abbildung 8 - Entgegen der Vision der Ära unterstützt Bruno in seiner Arbeit "De L'infinito" die Unendlichkeit des Universums und die Existenz einer unendlichen Anzahl von Welten. Er wurde von der Inquisition am 17. Februar 1600 vor Gericht gestellt und später auf dem Pfahl in Rom in Campo dei Fiori verbrannt

Von diesem Moment an unternahm Bruno unzählige Reisen, hauptsächlich ins Ausland. Seine Flucht endete in Venedig. Auf Einladung des Dogen Giovanni Mocenigo war er unüberlegt in diese Stadt gefahren. Der Dogen hatte ihn mit der Bitte um Erziehung gerufen. Er behauptete, Astronomie und die Kunst des Auswendiglernen studieren zu wollen, in der Bruno ein Experte war. Leider war Mocenigo ein Agent der Inquisition. Am 23. Mai 1592 ließ er Bruno verhaften und in römische Gefängnisse überführen.

Giordano Bruno und seine Vorstellung von Unendlichkeit

Bruno drückt seine Vorstellung von Unendlichkeit in verschiedenen Werken aus, das bedeutendste ist jedoch *"De L'infinito, universo e mondi"*, das 1584 in London veröffentlicht wurde.

Nach der vorherrschenden Theorie der Ära, in der er lebte, war das Universum ein Ort endlicher Dimensionen. Im Zentrum des Systems stand die Erde.

Die Sonne und die anderen Planeten bildeten stattdessen ein System von Sphären, die sich um die Erde drehen. Auf der Oberfläche der letzten Kugel befanden sich die Fixsterne. Diese Sterne waren unbekannte Objekte. Niemand kannte die Grenzen ihrer Ausdehnung. Niemand wusste, was sich hinter den Fixsternen befand. Aber niemand machte sich die Mühe, mehr über die Fixsterne zu erfahren, denn dies hätte keinen Nutzen gebracht.

Immerhin fragen sich bis heute nur sehr wenige, was vor dem Urknall war. Alles, was den Menschen interessieren kann, ist in den Grenzen von Zeit und Raum enthalten. Diese beiden Dimensionen existierten vor dem Urknall nicht. Wir haben keine Werkzeuge, um eine Realität ohne Raum und Zeit darzustellen. Daher war zu Brunos Zeiten das einzige Objekt, das von Interesse war, die Erde, zumal sie das Zentrum von allem darstellte.

Im Gegensatz zu dieser Vision geht Bruno in seiner Arbeit *"De L'infinito, universo e mondi"* von einer anderen Realität aus, die sich aus einer unendlichen Anzahl von Welten zusammensetzt. Im *"Ersten Dialog"* dieser Arbeit behauptet Bruno, dass das Universum unendlich ist, weil Gott, der es hervorgebracht hat, unendlich ist.

> "Così si magnifica l'eccellenza de Dio, si manifesta la grandezza dell'imperio suo: non si glorifica in uno, ma in Soli innumerevoli; non in una Terra, in un mondo, ma in ducento mila, dico in infiniti".

> *"Die Größe Gottes manifestiert sich in seiner Schöpfung. Dies besteht nicht aus einem einzigen Planeten Erde, sondern aus unendlichen Planeten wie der Erde. Es manifestiert sich nicht in einer einzigen Sonne, sondern in einer unendlichen Anzahl von Sternen wie der Sonne. "*

Zuvor hatte Bruno die Oper *"La Cena de le ceneri"* geschrieben. Dieses 1584 in London veröffentlichte Werk ist ein philosophischer Dialog über die Natur. In diesem Band bezieht sich Bruno auf die kopernikanische Theorie. Er schlägt ein Universum vor, in dem das Göttliche allgegenwärtig ist und sich die Materie in ständigem Mutationen befindet. In ihren Mutationen ist die Materie jedoch ewig.

Das Universum, das Bruno sich vorstellt, ist unendlich erweitert und besteht aus einer unendlichen Anzahl von Sonnensystemen, die dem uns bekannten ähnlich sind.

Eine der Figuren im Buch heißt Filoteo und er ist derjenige, der die Meinung des Autors ausdrückt. Filoteo bestreitet Aristoteles 'Vorstellung von einem endlichen Universum. Filoteo (Bruno) argumentiert, dass das Universum des Aristoteles, wenn es endlich ist, nicht existieren kann. Ein anderer Charakter, Fracastorio, bestätigt Filoteos These mit einem lateinischen Zitat:

> FRACASTORIO. *Nullibi ergo erit mundis.*
> *Omne erit in nihilo.*
> *(Die Welt ist also nirgendwo. Alles ist nichts, alles ist Null.)"*.

Bruno schloss in das Werk "*De l'infinito, universo e mondi*" drei Gedichte ein. Hier zitiere ich den letzten. Diese Komposition ist keine einfache poetische Übung. Die Verse sind eine prophetische Botschaft an die Verfolger, die seinem mutigen Leben ein Ende setzen werden:

> "E chi mi impenna, e chi mi scalda il core?
> Chi non mi fa temer fortuna o morte?
> Chi le catene ruppe e quelle porte,
> Onde rari son sciolti ed escon fore?

L'etadi, gli anni, i mesi, i giorni e l'ore
Figlie ed armi del tempo, e quella corte
A cui né ferro, né diamante è forte,
Assicurato m'han dal suo furore.
Quindi l'ali sicure a l'aria porgo;
Né temo intoppo di cristallo o vetro,
Ma fendo i cieli e a l'infinito m'ergo.
E mentre dal mio globo a gli altri sorgo,
E per l'eterio campo oltre penetro:
Quel ch'altri lungi vede, lascio al tergo".

"Ich fühle mich gegen jede Auseinandersetzung sicher.

Ich spreize meine Flügel und kann sicher fliegen.

Ich beherrsche den Himmel der Freiheit.

Ich sehe weit über diejenigen hinaus, die mich herausfordern.

Ihre Visionen sind begrenzt.

Deshalb zeige ich ihnen beim Fliegen den Rücken. "

Ethikfragen

Nach der Philosophie von Giordano Bruno befinden sich das kopernikanische Universum, in dem wir leben, und alle anderen unendlichen Universen in einem unendlichen und homogenen Raum, "che chiamar possiamo liberamente vacuo", der leer ist.

In questo il pensiero di Bruno coincide con quello di Tito Lucrezio Caro. Il poeta e filosofo romano è autore del poema " De rerum natura" scritto nel I° secolo a.C.

Lucretius gibt an, dass das Universum nur aus Atomen besteht (bezogen auf den Atomismus von Demokrit). Atome bewegen sich im ganzen Universum in einer unendlichen Dimension, das heißt in der Leere. Lucretius gibt unter anderem an, dass sogar die Seele des Menschen aus Atomen besteht und dass diese, wenn der Körper stirbt, zerstreut werden, um von der Natur wiederverwendet zu werden.

Andere hingegen behaupten, dass das Universum zeitlich und räumlich endlich ist. Die derzeit als gültig anerkannte Urknalltheorie beschreibt ein Universum, das anfänglich in einem Infinitesimalpunkt eingeschlossen war.

Aufgrund einer gigantischen Explosion begann sich der Raum auszudehnen und wächst weiter.

Die Ausdehnung des Weltraums hat eine genaue Grenze, die in Lichtjahren seit dem Urknall messbar ist.

Dies begrenzt nicht nur den Raum, sondern auch die Zeit. War das Universum einst in einem Punkt gleich Null, so ist es heute eine Blase, die sich über Milliarden von Lichtjahren erstreckt. Vielleicht wird es in Zukunft seine Grenzen erweitern, indem es sich sogar über Milliarden von Lichtjahren erstreckt.

Nach der Urknalltheorie können wir sagen, dass das Universum nicht unendlich ist, weil es sowohl räumlich als auch zeitlich einen Anfang und ein Ende hat.

Daher kann heute niemand sagen, ob das Universum endlich oder unendlich ist, aber die Frage ist auf ethischer Ebene nicht gleichgültig.

Die Probleme eines unendlichen Universums

Sicherlich hatten viele Leser die Möglichkeit, Produkte zu kaufen, die von Organisationen, die als "Fair Trade" bekannt sind, verkauft und beworben wurden.

Der "Faire Handel" ist eine Form des internationalen Handels mit dem Ziel, Produzenten und Arbeitnehmern in Entwicklungsländern eine ausgewogene wirtschaftliche Behandlung zu gewährleisten, die ihren Lebensbedürfnissen Rechnung trägt.

Theoretisch hilft man einer Gemeinde in einem armen Produktionsland, wenn man ein Pfund Kaffee in einem "Fair Trade" -Laden kauft. Diese Gemeinschaft pflegt, sammelt und vermarktet Kaffee unabhängig voneinander. Auf diese Weise werden die Landwirte von der Ausbeutung von Unternehmen, oft multinationalen Unternehmen, befreit. Bekanntlich kaufen diese großen Unternehmen oft Produkte in der Dritten Welt, indem sie Hungerpreise zahlen.

Wenn Sie ein Handwerksgegenstand, ein Lebensmittel oder andere Waren kaufen, geben Sie dieser Initiative Impulse und tun letztendlich "eine gute Tat". Sie tragen dazu bei, die Rate des Altruismus in einer Welt zu erhöhen, die oft von Übel, Selbstsucht und Geschäft geprägt ist. Deshalb glauben wir alle, dass wir, indem wir dem fairen

Handel helfen, die Gütekomponente des Universums erhöhen.

Aber sind wir uns wirklich sicher?

Wenn das Universum endlich ist, dh wenn es in einem begrenzten Raum enthalten ist, sind Gut und Böse tatsächlich auch in endlichen Mengen im Universum vorhanden. In einem endlichen Universum sind Gut und Böse messbare Größen. Deshalb erhöhen wir mit unserer Großzügigkeit die Menge des Guten, indem wir unseren Wassertropfen einem Meer hinzufügen, das riesig ist, aber in seiner Weite definiert werden kann.

Umgekehrt enthält das Universum, wenn es unendlich ist, bereits unendlich viel Gutes. Daher kann keine gute Tat es erhöhen.

In einem unendlichen Universum kaufen unzählige andere Menschen, wenn wir ein Pfund Kaffee kaufen, endlose Mengen des gleichen Kaffees in unzähligen Fair-Trade-Läden.

Unser Kauf erhöht nicht die Gesamtmenge an Kaffee, die die endlos produzierenden Gemeinden verkaufen können. Unser Einkauf hat keinen Einfluss auf das Gesamtbudget der armen Kaffeeproduzenten.

Darüber hinaus würde das unendliche Universum auch unendlich viel Böses enthalten, und folglich könnte keine schlechte Handlung von uns das Böse des Universums erhöhen. Deshalb hätten wir, wenn wir gute Werke tun, keinen Verdienst. Aber wofür würden wir uns schuldig machen, wenn wir schlechte Taten tun? Wir würden uns sicherlich nicht schuldig machen, das "Böse" der Welt zu vergrößern.

In Wahrheit können wir argumentieren, dass die Ethik einzelne Handlungen in ihrer eigentlichen Bedeutung betrachtet und bewertet und nicht die Null-Konsequenzen misst, die sie in einem unendlichen Universum hätten.

Es ist kein großer Trost. Darüber hinaus wird niemand jemals zugeben, dass wir eine Person töten können, mit der Entschuldigung, dass es in einem unendlichen Universum dennoch unendliche Kopien gibt.

Wenn wir eine Person in einem unendlichen Universum töten, hat dies keine Bedeutung, da diese Person unzählige Male auf unendliche Weise getötet wird.

Aus der Sicht jeder Religion oder Philosophie, aber auch nach allgemeiner Logik, ist es absolut wünschenswert, dass das Universum endliche wird. Ein klar endliche Universum, selbst wenn es sich in einem unendlichen Raum befindet, wäre für alle beruhigender.

Wenn der Kosmos unendlich sein sollte, wäre die Möglichkeit, in einer gut umschriebenen Ecke wie in einer Walnussschale zu leben, sicherlich vorzuziehen.

Unendlichkeit in einem endlichen Raum

Stellen Sie sich ein Klavier vor. Die Tasten beginnen und enden. Sie wissen, die Schlüssel sind 88, Sie haben keine Zweifel. Die Schlüssel sind nicht unendlich. Aber du bist unendlich und über diese Tasten kannst du endlose Musik spielen. Die Schlüssel sind 88, aber Du bist unendlich.

(Alessandro Baricco, italienischer Schriftsteller)

Ein Traum der Vorahnung

Vor ein paar Jahren bin ich durch Recherchen im Internet auf den Blog einer englischen Dame gestoßen. Leider kann ich mich nicht genau an den Namen erinnern. Eine Seite des Blogs hat mich besonders beeindruckt. Im Text erzählte die Dame eine Anekdote, die ihre ältere Mutter interessiert hatte, die wir aus Bequemlichkeitsgründen Margaret nennen werden. Margaret hatte die Angewohnheit, Vorträge von mehr oder weniger bekannten Persönlichkeiten zu besuchen, unabhängig vom behandelten Thema. In den Tagen nach jeder Konferenz schrieb Margaret ihre Eindrücke in ihr persönliches Tagebuch. Aus diesem Tagebuch hatte die Tochter die Episode, die ich unten erzähle, wieder aufgenommen.

In den 1960er Jahren hatte Margaret die Gelegenheit, an einer Gesprächskonferenz-teilzunehmen. Andere Redner waren ein junger Mann, der gerade sein Studium der Naturwissenschaften abgeschlossen und in der Trinity Hall in Cambridge gedient hatte. Sein Name war Stephen Hawking (Abbildung 1).

In dieser Zeit war der Ursprung des Universums das Thema, das für diese Art von Begegnungen von größtem Interesse war. Die Debatten konzentrierten sich fast immer auf den Urknall. Tatsächlich wurde diese Theorie damals noch nicht von allen akzeptiert. Am Ende des Treffens trafen sich die Redner mit der Öffentlichkeit und Margaret fragte den jungen Stephen, der sie mit seiner Fähigkeit zu argumentieren beeindruckt hatte, wie seine Leidenschaft für die Astronomie geboren wurde. Hawking war noch jung und wollte seine Universität, die das

Treffen organisiert hatte, mit Sicherheit nicht enttäuschen.

Deshalb gab er Margaret keine hastige Antwort, sondern erzählte ihr eine Episode seines Lebens als Kind. Wie immer wurde die von Hawking erzählte Episode in Margarets Tagebuch geschrieben.

Im Alter von fünf oder sechs Jahren war der kleine Stephen bei einem Gespräch zwischen seinen Eltern, Frank und Isobel, und einer anderen herausragenden Persönlichkeit anwesend.

Stephen hörte dem Gespräch ebenfalls zu und wurde von einer merkwürdigen Aussage überrascht.

Der unbekannte Gesprächspartner sagte zu einem bestimmten Zeitpunkt, dass jemand, wenn er im Leben erfolgreich sein will, ein ungelöstes Rätsel aufdecken muss, zum Beispiel die Unendlichkeit des Universums oder die korrekte Interpretation der Apokalypse.

Diese Aussage beeindruckte Stephen. Obwohl er noch sehr jung war, war das heilige Feuer des Wissens und der Ehrgeiz, sich im Leben durchzusetzen, bereits in ihm vorhanden.

Er verwarf schnell die Option Apokalypse. Da es ein heiliges Buch war, hätte er nicht gewusst, wie man es bekommt. Er wusste, dass er seinen Vater nicht einmal nach dem Buch fragen konnte, da der Mann sich nicht für religiöse Angelegenheiten interessierte.

Deshalb beschloss er, das Geheimnis des Unendlichen zu entdecken. Von diesem Moment an betrachtete er den Himmel, wann immer er die Gelegenheit dazu hatte. Der Himmel war ein großartiges kostenloses Buch, und es konnte ohne Erlaubnis von jedermann gelesen werden.

Viele Jahre später, eines Nachts, schlief Stephen ein, meditierte über das Problem der Unendlichkeit und hatte einen überraschenden Traum. Er sah das Universum als ein gigantisches Rad aus leuchtenden Fragmenten, das sich langsam wie ein riesiges Kaleidoskop auf sich selbst drehte.

In diesem Moment hatte er im Traum das klare Gefühl, das Universum verstanden zu haben. Die Wahrheit lag vor seinen Augen. Er hatte das Geheimnis des unendlichen Universums gelüftet. Er musste nur seine Hand ausstrecken, um dieses Geheimnis zu begreifen und sich es anzueignen. Für den jungen Hawking war zweifelsohne alles klar.

Als er aufwachte, stellte er leider mit großer Enttäuschung fest, dass ihm die so schnell erfasste Wahrheit ebenso schnell entging.

Zweifellos hat ein großes Spinnrad keinen Anfang und kein Ende, daher kann es als unendlich betrachtet werden. Das Rätsel ist jedoch nicht gelöst. Es bleibt immer das Problem zu wissen, was jenseits der äußeren Grenzen des Rades liegt.

Stephen hatte das bittere Gefühl, die Erklärung für das unendliche Universum gefunden zu haben, aber die Erklärung unmittelbar danach verloren zu haben.

Dieses Bewusstsein ließ ihn den Rest seines Lebens mit dem Wunsch leben, diese Wahrheit wiederzugewinnen.

Wir können einige Annahmen akzeptieren. Die Geschichte von Margaret ist wahr. Margarets Tochter hat die Geschichte in ihrem Blog richtig transkribiert. Meine Erinnerungen erlaubten mir, die Geschichte richtig zu rekonstruieren. Diese Voraussetzungen sind wahr. Warum sollten sie nicht wahr sein? Anhand dieser

Prämissen kann man sagen, dass der Traum des jungen Stephen eine Folge von Synchronizität war. Der Traum war eine Synchronizität, weil er eine Mission vorwegnahm, die einem großen Mann anvertraut war.

Diese Synchronizität hat den jungen Stephen mit einbezogen und inspiriert. Er war in der Lage, das Geheimnis, dem er sein ganzes Leben lang nachgehen würde, vorauszusehen, nachdem er es für einen Moment erblickt hatte.

Zwischen Hawking und dem Unendlichen ist eine Beziehung entstanden, wie sie zwischen *Narciso und Boccadoro* im gleichnamigen Roman von Hermann Hesse besteht:

"Unsere Aufgabe ist es nicht, sich zu nähern, so wie sich Sonne und Mond oder Meer und Erde nicht nähern. Wir zwei, lieber Freund, wir sind die Sonne und der Mond, wir sind das Meer und die Erde. Unsere Aufgabe ist es nicht, uns ineinander zu verwandeln. Unser Ziel ist es vielmehr, sich kennenzulernen. Wir müssen lernen zu sehen und zu respektieren, was er im anderen ist. Wir sind gegenseitig entgegengesetzt und ergänzen uns. "

Das Konzept des Rades ermöglicht es, das Geheimnis des Unendlichen aus einer ungeahnten Perspektive für unsere Denkweise zu bewerten.

Wir stellen uns Zeit und Raum gemäß einer linearen Darstellung wie im oberen Teil von Abbildung 9 vor. Zeit und Raum haben einen Anfang und setzen sich auf einer unendlich langen Linie fort.

Tatsächlich können Sie jeder Zahl eine Einheit hinzufügen, um sie auf unendlich zu erhöhen. Auf die gleiche Weise kann jeder Zeile unendlich oft eine weitere Zeile hinzugefügt werden.

Stattdessen erlaubt die kreisförmige Darstellung der Raumzeit, wie unten in derselben Abbildung zu sehen ist, die Vorstellung einer endlichen, aber gleichzeitig unendlichen Abfolge von Ereignissen.

Die Teile des Rades sind frei von Anlauf und Beendigung.

Die zirkuläre Konfiguration der Raum-Zeit ermöglicht es auch, eine Verbindung zwischen dem gerade erzählten Traum und einigen philosophischen Interpretationen des Unendlichen herzustellen.

Sicherlich wunderte sich Stephen lange über die Vielzahl rotierender farbiger Objekte, die kreisförmig angeordnet waren. Sicherlich wurde ihm am Ende seiner Überlegungen klar, dass das, wovon er geträumt hatte, ein *Mandala* war.

Das mandala

In praktisch jeder Kultur und zu jeder Zeit gibt es ein symbolisches Zeichen: In der Sanskrit-Sprache heißt es "Mandala", ein Wort, das mit "*Kreis*" übersetzt werden kann. Heute ist "Mandala" der allgemein verbreitete Begriff für Figuren, die denen in Abbildung 10 ähneln.

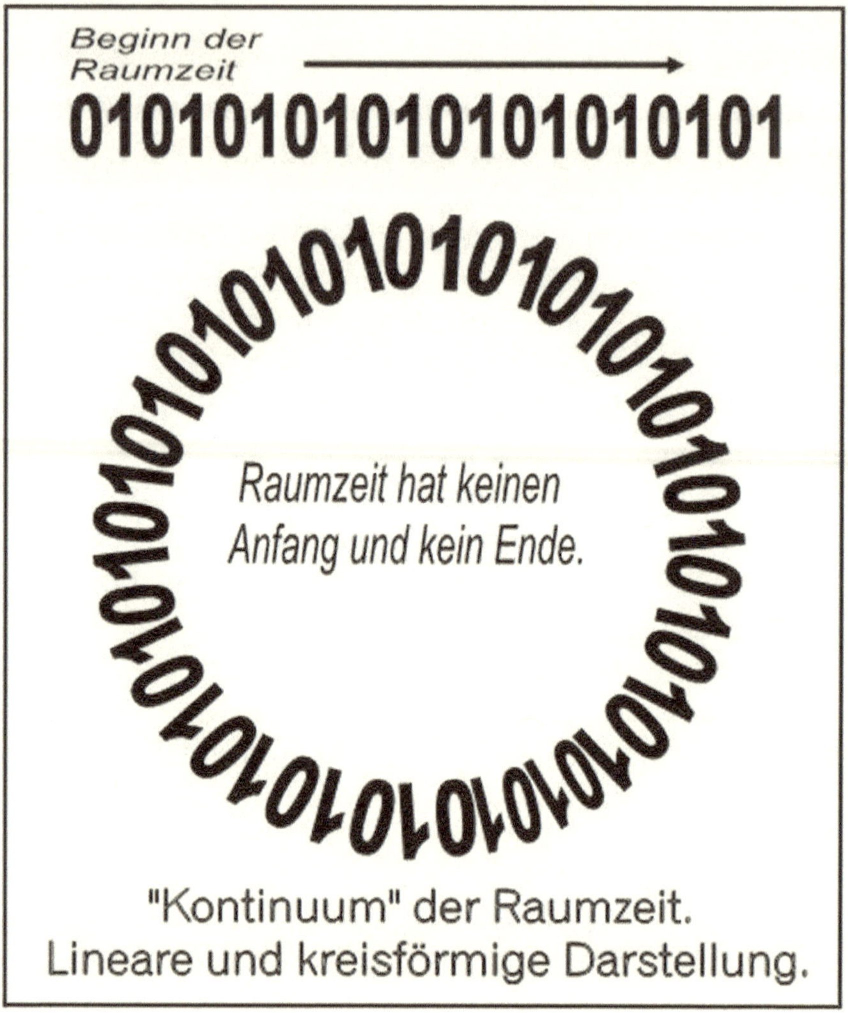

Abbildung 9 - Zeitliches Raumkontinuum. Oberhalb der linearen Darstellung, wo Raum-Zeit einen Anfang hat und ins Unendliche geht. Unterhalb der kreisförmigen Darstellung, bei der weder Anfang noch Ende erkennbar sind. Der Kreislauf wird ewig wiederholt.

Abbildung 10 - Einige Mandalas. Im Allgemeinen sind diese Darstellungen farbig.

Ein Mandala ist auch auf dem Umschlag des Buches abgebildet. In den meisten Fällen handelt es sich um farbige Figuren.

Das Symbol des Kreises mit besonderen Kräften ist bereits in der Frühzeit der Menschheit vorhanden. Das erste bekannte Mandala ist ein Sonnenrad aus dem Paläolithikum im südlichen Afrika. Neolithische Steinkreise wie Stonehenge sind bekannt.

Darüber hinaus ist auch das Symbol der Spirale, rein mandalisch, überall vorhanden. In den symbolischen Darstellungen der neolithischen Völker stellte die Spirale die Sonne dar, die Quelle des Lebens.

Sicherlich hat die symbolische Ausarbeitung des Mandalas die Tatsache beeinflusst, dass mandalische Formen überall in der Natur vorhanden sind. Dies gilt insbesondere im Bereich der Biologie. Die Formen von Blumen, Bäumen und vielen Tieren erinnern an die Kreisform des Mandalas. Viele Teile biologischer Organismen, wie z. B. die Augen, erinnern an die Form des Mandalas.

Aber die Figur des Mandalas markiert das gesamte Universum, denn wir finden es in den Galaxien, in der Form und Rotation der Planeten, in den Bahnen von Kometen und Asteroiden und sogar im Horizont von Schwarzen Löchern.

Kürzlich wurde eine Studie an den Universitäten von Northwestern, Harvard und Yale im Bereich subatomare Partikel durchgeführt.

Die Studienteams führten Experimente durch, um die Form des Elektrons zu untersuchen. Die Schlussfolgerung war, dass das Elektron perfekt rund ist. In der Abschlusserklärung stellt Gerald Gabrielse, der die Forschung der drei Universitäten koordinierte, fest:

> "Unsere Forschung ist aus wissenschaftlicher Sicht von großer Bedeutung, da sie das Standardmodell der Teilchenphysik bestätigt und alternative Modelle ausschließt.
> Jedes alternative Modell hätte andere Ansätze zur Untersuchung von Materie und Antimaterie erfordert. "

Nach dem Hinduismus und Buddhismus ist es in jeder Kreisform möglich, ein Mandala zu sehen. In diesen östlichen Philosophien hat das Mandala oft Schutzkräfte und ist eine Quelle der Heilung.

Im Westen findet sich die Idee des Schutzkreises in zahlreichen Volkstänzen sowie im Kinderkreis.

Unter den Indianern Amerikas sind die Räder der Medizin weit verbreitet. Dies sind Steinkreise, in deren Zentrum sich Menschen befinden, die Heilung suchen.

Alce Nero war ein Schamane oder Medizinmann aus dem Sioux-Stamm der Oglala. In einer Reihe von Interviews, die von den beiden Journalisten John G. Neihardt und Giuseppe Epes Brown gesammelt wurden, berichtet Alce Nero über seine Erfahrungen und seine Spiritualität. In einem dieser Interviews stellt er fest:

"Alle Dinge, die von der" Kraft der Welt "gemacht werden, werden in einem Kreis gemacht. Das Gewölbe des Himmels ist rund. Die Erde ist rund wie eine Kugel. Alle Sterne sind rund. Der Wind dreht sich auf seinem Höhepunkt wie ein Wirbel. Vögel machen ihre Nester in einer Kreisform. Die Sonne, die rund ist, geht auf und ab entlang des Himmelskreises. Der Mond tut dasselbe. Auch die Jahreszeiten bilden in ihrer Folge einen großen Kreislauf. "

Jung und die Mandalas

Carl Gustav Jung (Abbildung 11) widmete sich zwanzig Jahre lang dem Studium des Mandalas. In dieser Zeit verfasste er vier Aufsätze zu diesem Thema. In seinen Memoiren erzählt Jung:

"Jeden Morgen zeichnete ich in ein Notizbuch eine kleine kreisförmige Figur, ein Mandala. Das nachgezeichnete Design musste meinem intimen Zustand entsprechen. Hin und wieder entdeckte ich, was das Mandala wirklich ist. Das Mandala repräsentiert das Selbst, die Persönlichkeit in ihrer Gesamtheit. Ein harmonisches Mandala repräsentiert die Harmonie des Menschen, wenn alles in Ordnung ist. "

Jungs Interesse an diesem Symbol sollte in den Kontext seiner Theorien über das kollektive Unbewusste und über Archetypen gestellt werden.

Nach Jung hat der Mensch ein individuelles Bewusstsein und ein individuelles Unbewusstes. Darüber hinaus kann der Mensch jedoch mit dem kollektiven Unbewussten in Dialog treten. Das kollektive Unbewusste ist ein "psychischer Container" außerhalb des Menschen. Im kollektiven Unbewussten sind das Wissen und die Erfahrungen der gesamten Menschheit in Form von "Archetypen" gespeichert. Archetypen haben drei Hauptmerkmale:

- **Die Archetypen sind universell**, das heißt, sie sind ein Schatz der gesamten Menschheit.

- **Die Archetypen sind unpersönlich**, dh unabhängig vom Bewusstsein einzelner Personen.

- Archetypen sind erblich, das heißt, alle können sie frei verwenden.

Nach Jung kann der unbewusste Teil des Menschen auf zwei Arten untersucht werden:

- **Das persönliche Unbewusste** enthält vor allem die Komplexe, die die persönliche Intimität des Seelenlebens verwalten.

- **Das kollektive Unbewusste** enthält die als Archetypen bezeichneten Darstellungen. Oft manifestieren sich diese Archetypen durch Träume. Tatsächlich sind Träume der beste Ort, an dem die Erzählung frei von Willen und Erfahrung der Träumenden ist. Niemand kann sich für einen Traum entscheiden.

In seinem Buch *"Der Mensch und seine Symbole"* schreibt Jung:

"Das Mandala ist der Archetyp der inneren Ordnung. Die kreisförmige Figur drückt die Tatsache aus, dass es ein Zentrum und eine Peripherie gibt. Die Peripherie will das Ganze umfassen. Der Mandalische Kreis ist das Symbol der Totalität.

Wenn in der Psyche des Patienten große Unordnung und Chaos herrschen, kann das mandalische Symbol im Traum oder in freien Fantasien oder Designs vorkommen. Das Mandala erscheint spontan. In diesen Fällen ist das Mandala ein Archetyp, der die Störung ausgleicht. Das Mandala kann die Bestellung tragen oder es kann die Möglichkeit der Bestellung aufzeigen ... ".

Jungs Theorie über das kollektive Unbewusste wurde von vielen in Frage gestellt. Angesichts der Zweifel seiner Kollegen stützte Jung seine These mit folgenden Argumenten:

"Der Mensch hat langsam und mühsam ein Bewusstsein entwickelt. Es war ein Prozess, der nach vielen Jahrhunderten zur Zivilisation führte. Der Beginn der Zivilisation wird mit der

Erfindung der Schrift um 4000 v. Chr. Identifiziert.

Die Evolution der menschlichen Spezies ist jedoch nicht vollständig, da viele Aspekte der Funktionsweise des Geistes immer noch in Dunkelheit gehüllt sind. Was wir "Psyche" nennen, entspricht überhaupt nicht dem Bewusstsein und seinem Inhalt.

Wer die Existenz des Unbewussten leugnet, nimmt an, dass unser aktuelles Wissen über die Psyche total ist. Diese Meinung ist falsch. Sogar die Annahme, dass wir alles wissen, was es über das Universum zu wissen gibt, ist falsch. Unsere Psyche ist Teil einer unbekannten Natur und die Rätsel der Psyche sind unendlich.

Daher ist es unmöglich, sowohl die Psyche als auch die Natur zu definieren. Wir können nur beschreiben, wie wenig wir über die Natur und die Psyche verstehen.

Wir können ihre Funktionsweise nur anhand des Wenigen beschreiben, das wir kennen.

Folglich gibt es erhebliche logische Grundlagen für die Zurückweisung von Aussagen, nach denen "das Unbewusste nicht existiert". Darüber hinaus hat die medizinische Forschung eine Menge Beweise gesammelt.

Abbildung 11 - Carl Jung hat die Theorie des kollektiven Unbewussten und die der Synchronizität ausgearbeitet.

Abbildung 12 - Wolfgang Pauli, Physiker, Nobelpreisträger 1945, arbeitete intensiv mit Carl Jung zusammen. Die beiden Wissenschaftler suchten nach einer Methode, um die Rollen von Materie und Psyche im Universum zu vereinheitlichen.

Die Idee, dass eine Pflanze oder ein Tier sich selbst erfinden, bringt uns zum Lachen. Dennoch glauben viele, dass die Psyche oder der Verstand sich selbst erfunden und ihre eigene Existenz auf eigene Faust geschaffen haben. "

In Wirklichkeit hat sich der Geist in der gleichen Weise zu seiner gegenwärtigen Bewusstseinsphase entwickelt, wie sich die Eichel in Eiche verwandelt. Am selben Knotenpunkt sind die Saurier allmählich zu Säugetieren geworden. Der Geist hat sich über einen sehr langen Zeitraum hinweg weiterentwickelt. Der Geist entwickelt sich immer noch weiter.

Infolgedessen ist der Mensch sowohl der Einwirkung innerer Kräfte als auch der Einwirkung äußerer Reize ausgesetzt.

Diese Kräfte entspringen einer tiefen Quelle, die nicht aus dem Bewusstsein besteht. Sie sind Kräfte, die nicht vom Bewusstsein kontrolliert werden.

In der primitiven Mythologie wurden diese Kräfte "Mana" oder "Geister, Dämonen und Gottheiten" genannt. Heutzutage sind diese Kräfte so aktiv wie immer in der Vergangenheit. Wenn diese Kräfte unseren Wünschen entsprechen, betrachten wir sie als positive Gefühle oder Impulse und gratulieren uns, dass wir vom Schicksal gut gemocht werden.

Wenn sich stattdessen diese Kräfte uns widersetzen, dann sagen wir, dass wir vom Pech verfolgt werden. Manchmal sagen wir, dass manche Leute uns schlecht wollen. Wir denken auch, dass die Ursache unseres Unglücks pathologisch sein kann. Das einzige, was wir nicht zugeben wollen, ist, dass wir "Kräften" ausgeliefert sind, die wir nicht kontrollieren können ...

... Es gibt keinen prinzipiellen Unterschied zwischen organischer und psychischer Entwicklung. Die Psyche erschafft ihre eigenen Symbole, so wie die Pflanze die Blume hervorbringt. Jeder Traum ist ein Beweis für diesen Prozess. "

Laut Jung kann es vorkommen, dass es in Träumen mandalische Figuren gibt, insbesondere in Zeiten größeren psychischen Leidens.

Diese Figuren sollen eine innere Ordnung herstellen Die Figur des Mandalas übt eine positive Wirkung aus, weil sie eine Rationalisierung darstellt, eine "Neuordnung" von Spannungen.

Tatsächlich besteht das Mandala aus einem präzisen Zentrum, das zwischen verlässlichen Grenzen liegt.

Die Zeichen darin sind geometrisch geordnet verteilt.

Die darin enthaltenen Teile sind geometrisch geordnet verteilt.

Die Grenzen des Mandalas schließen einen Sicherheitsbereich ein, in dem der Träumer unter magischem Schutz steht.

Geschützt durch den Schutzkreis, fast wie ein neuer Uterus, ist der Mensch vor Angriffen von außen sicher. In diesen Grenzen fühlt er sich sicher und gewinnt die

Gelassenheit zurück, die notwendig ist, um sein Zentrum, das heißt sich selbst, zu suchen.

In der Mitte des Mandalas findet der Einzelne die Sicherheit, die er verloren hatte, oder die Sicherheit, die er nicht mehr zu besitzen glaubte.

Marie Louise Von Franz, eine Schülerin von Jung, hebt einen weiteren Aspekt hervor, der wichtiger ist als die Wiederherstellung der Zentralität. Laut diesem Gelehrten ist das Mandala ein Symbol für "Neuanfang" oder Neustart. Die Figur des Mandalas erzeugt den nötigen Schub, um etwas zu formen, das es noch nicht gibt. Daher hat das Mandala eine kreative Kraft, dank der es möglich wird, sich neue Vorschläge und Lösungen vorzustellen.

Nach langen Studien kam Jung zu dem Schluss, dass das Mandala aus folgenden Gründen als Archetyp des kollektiven Unbewussten angesehen werden kann:

- **Die Häufigkeit**, Beständigkeit und Regelmäßigkeit, mit der diese Figuren in den verschiedensten Epochen und Zivilisationen auftreten.

- **Das Vorhandensein eines Zentrums**, an dem sich das gesamte System orientiert.

Die Abgrenzung des Mandalas hat in der Regel die Form eines Kreises, kann aber auch einem Polygon oder einem Kreuz ähnlich sein. Oft wird die Begrenzung durch Ziermotive wie zum Beispiel Blütenblätter gebildet.

Daher hat das Mandala für Jung die folgenden Eigenschaften:

- **Ordnung und Schönheit.** Das Mandala repräsentiert die Ordnung, aber auch die Ästhetik des Universums.

- **Entschädigung**. Das Mandala gleicht die Notwendigkeit aus, in eine Dimension einzutauchen, die jede Störung heilt und beseitigt.

- **Frieden**. Das Mandala ermöglicht es Ihnen, eine ruhige spirituelle Dimension zu finden.

- **Mystik**. Das Mandala hat einen mystischen Sinn, wenn es den Menschen in den Mittelpunkt stellt. Der Mann im Zentrum des Mandalas befindet sich mystisch in der Mitte zwischen Himmel und Erde. In dieser Position sehnt sich der Mensch danach, in der Synthese dieser beiden Welten zu verschmelzen.

- **Heilung**. Das Mandala setzt eine Heilkraft frei, die weder vom Willen noch vom Gewissen abhängig ist.

- **Naturheilkundliche Eigenschaften**. Mandalas sind der Versuch der Natur, auf heilende Weise in die Psyche des Individuums einzugreifen. Sie sind Ausdruck einer natürlichen Therapie fast mystischen Ursprungs.

Im selben Buch "Der Mensch und seine Symbole" sagt Jung:

"In letzter Zeit hat der zivilisierte Mensch eine mächtige Willenskraft erlangt, die er bei allen Gelegenheiten anwendet. Er hat gelernt, seine Arbeit ohne die Hilfe von liturgischen Liedern oder Trommeln effektiv zu machen. Er muss keine Hypnose mehr anwenden, um zu handeln.

Er kann auch auf das tägliche Gebet verzichten, um göttliche Hilfe in Anspruch zu nehmen. Er kann selbständig machen, was er will, weil er es schafft, seine Ideen in die Tat umzusetzen. Er kann es in völliger Freiheit tun.

Stattdessen war der primitive Mensch zu jeder Zeit durch Ängste, Aberglauben und andere unsichtbare Hindernisse bedingt. Diese Hindernisse standen zwischen dem Mann und der Handlung.

Im Gegenteil, der Aberglaube des modernen Menschen steht unter dem Motto "Wollen ist Macht".

Dennoch zahlt der heutige Mensch den Preis für einen ernsthaften Mangel an Selbstbeobachtung. Der moderne Mensch sieht nicht, dass er trotz aller Rationalität und Effizienz immer noch von unkontrollierbaren "Kräften" beherrscht wird.

Die Gottheiten und Dämonen sind nicht verschwunden, sie haben nur ihren Namen geändert. Sie halten den Mann in ständiger Aufregung. Gottheiten und Dämonen manifestieren sich in vagen Ängsten und psychischen Komplikationen. Folglich hat der Mensch ein unersättliches Bedürfnis nach Pillen, Alkohol, Tabak und Nahrungsmitteln. Gottheiten und Dämonen erlegen ihnen weiterhin eine schwere Bürde der Neurose auf.
"

Das kosmische Ei

Als nichts existierte, tanzte eine Göttin namens "Wandern in weiten Räumen" in der Leere des Kosmos.

In Abwesenheit von allem hatte die Göttin nichts außer sich selbst zu betrachten. Sie war mit seinen Bewegungen zufrieden und verliebte sich in seinen Tanz. Seine Bewegungen, zuerst langsam, dann immer schneller, wurden rasend, bis der Nordwind namens Borea aufkam. Dieser Wind, der sich mit der Göttin paaren wollte, wurde zur Schlange Ophion. Ophiion wiederum verwandelte die Göttin in eine weiße Taube. In der Gestalt einer Taube brachte die Göttin die Frucht der Vereinigung hervor, das "kosmische Ei", aus dem alle Dinge hervorgingen.

Diese Göttin wird von den Sumerern als "Göttliche Taube" bezeichnet. Die griechische Mythologie erinnert sich daran mit dem Namen Eurinome.

Diese Geschichte stammt aus den mythologischen Studien von Robert Graves, einem britischen Dichter und Essayisten.

Wir können eine Klatschnotiz hinzufügen. Irgendwann rühmte sich die Schlange Ophion, der Schöpfer von allem zu sein. Das war genug für die Divine Dove, um sich beleidigt zu fühlen. Um sich zu rächen, schlug er Ofion mit einem Tritt auf die Zähne.

Mircea Eliade ist ein rumänischer Gelehrter, der 1907 in Bukarest geboren wurde. Er ist ein Akademiker großer Kultur. Mircea schreibt diese Worte über den Ursprung des Universums in seinen Studien über die archaische orientalische Welt:

„Der Mythos des kosmogonischen Eies ist
im   alten   Indien,   Indonesien,   Iran,

Griechenland, Phönizien, Lettland, Estland, Finnland, den Pangwe in Westafrika und Amerika verbreitet und der Westküste Südamerikas ".

Hinweise auf das kosmische Ei finden sich seit der Antike bei den Babyloniern und Sumerern. Ab Mesopotamien, zwei Jahrtausende vor Christus, verbreitete sich die Tradition in Indien und im alten Ägypten. Später entwickelte sich der Mythos vom kosmischen Ei auch in China, in den europäischen keltischen Regionen und in Afrika.

Die Geschichte von Eurinome wird auch in den Mythologien der Pelasger erzählt.

Abbildung 13 - Esoterisches Sehen des kosmischen Eies

In diesen Traditionen ist das kosmische Ei, wie in vielen anderen, ein Reptilienei, weil es von der Schlange Ophion gelegt wird, die wahrscheinlich der mythische Basilisk ist

Für die Kelten hat das kosmische Ei, das Glain heißt, eine rötliche Farbe und wurde von einer Seeschlange auf den Urstrand gelegt.

In der chinesischen taoistischen Religion wird das kosmische Ei im Mythos von Pangu beschrieben. Pangu erschafft die Welt mit Hilfe der gehörnten Schlange Qilin, der Schildkröte, des Phönix und des Drachen.

In Ägypten wird das kosmische Ei vom Phönix gelegt, einem mythischen Vogelwesen. Der Phönix hat einen lebensgenerierenden Atemzug, aus dem der Luftgott Shu geboren wird. Wenn es kurz vor dem Tod steht, baut der Phönix ein Nest um sich herum. In diesem Nest erzeugt der Phönix das Feuer, das es vollständig verbraucht. Aus dieser Verbrennung entsteht jedoch ein weiteres Ei, das von der Sonne gepflegt wird, bis der Phönix wiedergeboren wird.

Bei den Bambara-Afrikanern soll es am Anfang nur ein leeres Ei gegeben haben. Diese Lücke wurde durch den schöpferischen Atem des Geistes gefüllt. Alle Dinge wurden von hier aus geboren.

Eine der interessantesten Traditionen ist die, die in der hinduistischen Religion erzählt wird. Anfänglich schwebte das kosmische Ei oder "Hiranyagarbha" im Urmeer, eingehüllt in die Dunkelheit der Nichtexistenz.

Als das Ei ausbrütete, führte Brahma es durch das "Om" in die Menschheit ein. Diese Silbe ermöglicht die Emission der Atemwege und repräsentiert im Hinduismus den ursprünglichen Lebensatem.

Der obere Teil der Schale des kosmischen Eies besteht aus Gold, und aus diesem Teil wird der Himmel geboren. Stattdessen besteht die untere Hälfte des Eies aus Silber, und von hier aus wird die Erde geboren. Diese Schöpfung ist zyklisch: Das Universum entwickelt sich aus dem kosmischen Ei. Anschließend wird das Universum beschädigt, bis es sein Ende erreicht. Aus dem Ende eines Universums wird ein anderes Universum geboren und dann ein anderes. Diese Reihe von Zyklen ist die "Kalpa".

Dies sind nur einige der mythologischen Erzählungen über das kosmische Ei.

In der Tat eignet sich das Ei sehr gut als Ursprung aller Dinge. Erstens hat es keine Ecken oder Kanten. Die Form des Eies ist elliptisch, die Ellipse hat jedoch weder Anfang noch Ende, genau wie der Kreis. Aus diesem Grund kann das Ei etwas darstellen, das immer existiert hat und für immer Bestand hat. Das Ei ist ein Symbol für Fruchtbarkeit und kann als der ursprüngliche Samen betrachtet werden, der erste Embryo, der aus dem Chaos hervorgeht, um alles zu erzeugen, was existiert.

Ein lateinisches Sprichwort besagt "Omne vivum ex ovo", das heißt: "Alles, was lebt, kommt aus einem Ei".

In der ägyptischen Religiosität stellte das Ei den Kosmos dar, weil es die vier kosmischen Elemente enthielt. Die Schale stellte die Erde dar, das rote Eigelb das Feuer, das durchsichtige Eiweiß das Wasser. Stattdessen wurde das vierte Element, nämlich die Luft, durch die Umgebung des Eies dargestellt.

Eine wunderbare grafische Interpretation des kosmischen Eies hat in der mathematischen Idee der Null Konkretisierung gefunden. Die Null ist der ursprüngliche weibliche Archetyp, von dem alle Zahlen abstammen.

Dies geschieht, weil die Null durch die Eins befruchtet wird.

Wie das klassische Ei repräsentiert Null "ein Nichts, das etwas Lebendiges hervorbringt".

In der alchemistischen Sichtweise ist das Ei ein Archetyp, der jedes Element in seinen ursprünglichen Reinheitszustand zurückbringen kann.

Wie bereits erwähnt, assoziierten die Ägypter die vier Elemente (Erde, Feuer, Wasser und Luft) mit vier Teilen des Eies. Stattdessen assoziierten die Alchemisten die drei offensichtlichsten Teile des Eies mit drei wesentlichen alchemistischen Bestandteilen. Die Schale war mit Salz verbunden, das Eiweiß war mit Almercium verbunden und das Eigelb war mit Schwefel verbunden.

Nach Ansicht der Meister der Alchemisten könnten diese drei Elemente, in der richtigen Dosierung kombiniert, zur Schaffung des Steins der Weisen führen, dh zur Erfüllung des "Großen Werkes". Der Stein der Weisen könnte die weniger edlen Metalle in Gold verwandeln.

In den Mandalas erscheint das Ei als alchemistisches Symbol des "Alls".

Was unser tägliches Leben betrifft, können wir sehen, dass die Symbolik des Ur-Eies, das Leben erzeugt, immer noch in der Osterei-Tradition enthalten ist. In der gegenwärtigen christlichen Tradition symbolisiert es die Auferstehung Jesu vom Grab. Das Grab, ähnlich wie das Nest des Phönix, ist der Ort, an dem Christus wiedergeboren wird, der Ursprung und die Rettung des gesamten Universums.

Tatsächlich ist das Geschenk des Eies jedoch viel älter und geht sogar auf die Perser zurück, unter denen die Tradition des Austauschs einfacher Hühnereier zu Frühlingsbeginn weit verbreitet war. Das Ei war ein Wunsch nach Fruchtbarkeit und Fülle für die Sommer- und Herbsternte. Offensichtlich waren diese Kulturen für landwirtschaftliche Gemeinschaften von entscheidender Bedeutung.

Das kosmische Ei und die aktuelle Physik

Ausgehend von dem, was gesagt wurde, scheint das kosmische Ei auf mythologische oder alchemistische Geschichten beschränkt zu sein.

In den letzten Jahrzehnten hat die Idee des kosmischen Eies jedoch auch die Welt der Astrophysik infiziert. Dies geschah vor allem, seit die Wissenschaft begann, das Thema einer ursprünglichen Singularität zu bewerten. Aus dieser Singularität wäre durch die große Explosion des Urknalls das gesamte Universum entstanden.

In der Tat konfiguriert die aktuelle astronomische Konzeption ein expandierendes Universum. Diese Theorie leitet sich aus den Beobachtungen von Edwin Hubble und anschließend aus der allgemeinen Relativitätstheorie von Albert Einstein ab.

Wenn wir durch die Expansion des Universums zurückkreisen und es in eine Kontraktion verwandeln, wird das Universum immer kleiner. Irgendwann erreichen wir eine Dimension, die so klein und dicht ist, dass sie mit keinem physikalischen Begriff beschrieben werden kann, und daher wird sie "Singularität" genannt.

Nur wenige kennen einen allgemein übersehenen Aspekt der Biographie von Erwin Schrödinger, einem österreichischen Wissenschaftler, der 1933 den Nobelpreis für Physik erhielt. Schrödinger hat eine Reihe grundlegender Ergebnisse auf dem Gebiet der Quantentheorie entwickelt. In der Öffentlichkeit ist er für sein Experiment "Katzenparadox" bekannt.

Schrödinger hat sich sein ganzes Leben lang für den Hinduismus und die Vedanta-Philosophie interessiert.

In diesem Zusammenhang hat er wiederholt seine philosophische Position zum Ausdruck gebracht. Nach Schrödinger ist es möglich, dass das individuelle Bewusstsein nur die Manifestation eines globalen und einheitlichen Bewusstseins ist, das das Universum durchdringt.

Es ist daher nicht verwunderlich, dass Schrödinger das Konzept des kosmischen Eies auf seine Studien in der Quantenmechanik anwenden wollte, um es mit dem eines expandierenden Universums zu verbinden, das aus einer "Singularität" hervorgeht.

Das Treffen zwischen Jung und Pauli

Carl Jung hat sich lange mit dem Phänomen "seltsamer Zufälle" befasst und ihnen dann einen "numinösen", dh göttlichen Charakter zugeschrieben.

Gerade wegen eines dieser seltsamen Zufälle erhielt Jung im Januar 1932 in seinem Zürcher Atelier einen Besuch von einem Charakter, der den Rest seines Lebens prägen würde.

Der Besucher war Wolfgang Pauli (Abbildung 12), ein österreichischer Professor, der an der Eidgenössischen Technischen Hochschule in derselben Stadt Theoretische Physik lehrte. Pauli hatte beschlossen, sich an Jung zu wenden, um psychologische Hilfe zu erhalten, weil er einer Reihe schwerer Widrigkeiten zum Opfer gefallen war.

Im November 1927 beging Berta Camilla Schütz, Paulis Mutter, Selbstmord. Sie war erst 49 Jahre alt und Schriftstellerin und Feministin, die sich dem Sozialismus verschrieben hatte.

Im folgenden Jahr heiratete Paulis Vater erneut mit Maria Rottler. Wolfgang hatte diese zweite Ehe nicht akzeptiert, weil Maria eine junge Frau in ihrem Alter war.

Im Dezember 1929 heiratete Wolfgang außerdem die professionelle Tänzerin Käthe Margarethe Deppner. Auf diese Weise dachte er daran, eine Unterkunft auf der Ebene der Gefühle zu finden. Leider war die Ehe sofort gescheitert und die beiden hatten sich im November 1930 nach weniger als einem Jahr geschieden.

All diese Umstände hatten bei dem jungen Professor zu erheblichen psychischen Belastungen geführt. Trotz seiner angesehenen akademischen Position trank Pauli zu viel Alkohol und verbrachte seine Abende an öffentlichen Orten. Leider hat es die anderen Kunden gestört und war umstritten, so dass die Betriebsleiter oft gezwungen waren, ihn zu vertreiben.

Pauli wandte sich an Jung, weil die für einen Wissenschaftler wie ihn typische rationale Einstellung seiner Psyche ihm in Momenten der Klarheit das Ausmaß des Ungleichgewichts verständlich machte, das er erlebte.

Später hätte er diese Periode "die große Neurose" genannt.

Jung beschreibt das Treffen mit Pauli in seinem Tagebuch:

> "Ich hatte den Fall eines Universitätsprofessors, eines sehr monoorientierten Intellektuellen. Das Unbewusste dieses Klienten ist aufgebracht und sehr aktiv. Er projiziert sich in andere Männer, die er als Feinde ansieht, und fühlt sich schrecklich allein, weil er denkt, dass alle gegen ihn sind. "

Jung erkannte jedoch in Pauli vom ersten Treffen an eine gewaltige intellektuelle Fähigkeit und eine große wissenschaftliche Vorbereitung in seinem Beruf, der sich auf dem Gebiet der Physik befand.

Hierfür vertraute Jung die Betreuung der Patientin einer seiner qualifiziertesten Mitarbeiterinnen an, Dr. Erna Rosenbaum. Dadurch konnte er sich um Pauli kümmern, ohne die Rolle des Therapeuten zu übernehmen.

Er sprach mit Pauli unter allen Umständen, die etwas mit ihren wissenschaftlichen Interessen zu tun haben könnten.

Mehr als 1500 von Paulis Träumen wurden während der Therapieperiode aufgezeichnet und analysiert. Jung nutzte viele dieser Träume während seines Studiums nicht als Therapeut, sondern als Wissenschaftler.

Letztendlich hat der psychoanalytische Weg in Pauli viele Vorteile gebracht. Es war aber vor allem der Beginn einer Zusammenarbeit, die auf einem gegenseitigen Erfahrungsaustausch zwischen zwei erleuchteten Köpfen beruhte.

Die beiden Wissenschaftler erarbeiteten insbesondere die möglichen Verbindungen zwischen Jungs psychoanalytischen Studien und der Quantenphysik, eine Wissenschaft, für die Pauli zusammen mit anderen einer der Gründungsväter war (er erhielt 1945 den Nobelpreis).

Pauli interessierte sich besonders für die Inhalte der Synchronitätstheorie, die Jung in diesen Jahren entwickelte.

Tatsächlich erkannten die beiden eine tiefe Verbindung zwischen dem Verhalten von Elementarteilchen und vielen Phänomenen, die der Theorie der Synchronizität inhärent sind.

Die von Pauli untersuchten Teilchen schienen eine Intelligenz mit psychischen Eigenschaften zu manifestieren, dh nicht mechanistisch. Dies waren Verhaltensweisen, die unabhängig von der Materie und den deterministischen Gesetzen der traditionellen Physik waren.

Von 1932 bis 1957 hielten Jung und Pauli ständige Kontakte. Nach dem Ausbruch des Zweiten Weltkriegs emigrierte Pauli 1940 in die USA, wo er Professor für Theoretische Physik in Princeton wurde. Von diesem Moment an wurden die Kontakte durch den Briefwechsel fortgesetzt.

Das psychische Diagramm von Pauli und Jung

Zwischen Juni und Dezember 1950 schlossen Jung und Pauli in ihrer Korrespondenz die Ausarbeitung eines "quaternären" Schemas.

Das Ziel war es, eine kosmische Realität darzustellen, in der Materie und Psyche in einem kollaborativen Design in Einklang gebracht wurden.

Es ist interessant, die Entwicklung des Denkens der beiden Wissenschaftler zu rekonstruieren. Die Ausarbeitung des "Quartärs" erfolgte durch Vorschläge und anschließende Anpassungen.

Alle folgenden Zitate stammen aus der Sammlung der Briefe von Jung und Pauli. Die gesamte Sammlung ist im Band "*Jung e Pauli. Il carteggio originale: l'incontro tra psiche e materia* "wurde von Eva Pattis Zoja und Carla Stroppa für den Verlag Moretti e Vitali herausgegeben.

In einem Brief, den Küsnacht am 20. Juni 1950 an Pauli schickte, gibt Carl Jung beiläufig Einblicke in die Träume, die er studierte. Am Ende seiner Ausführungen zeichnet Jung eine schematische Darstellung, die sich auf einen der Träume bezieht: (*siehe D-1*)

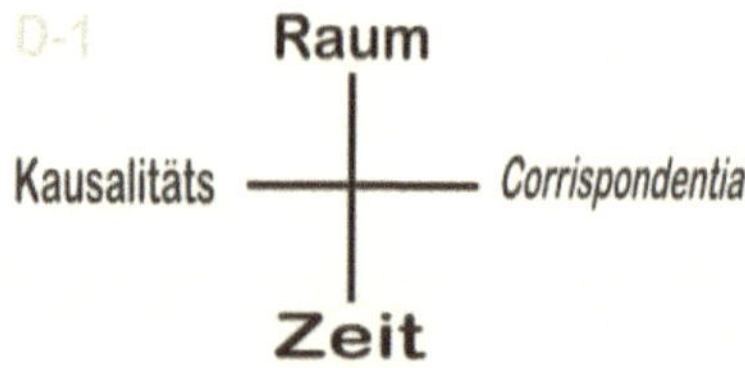

Jung entwarf dieses Schema wahrscheinlich nur, um einen Traum zu kommentieren.

Er ahnte nicht, dass Pauli die Gelegenheit ergriffen hätte.

Pauli verwendete das Schema von Jung, das er "quaternär" nannte, nach einem viel umfassenderen Konzept.

In der Tat suchte Pauli damals nach einer Antwort auf eine Frage, die er nicht lösen konnte.

Pauli fragte Jung in einem Brief von Zollikon-Zürich vom 24. November 1950, was er davon halte:

> "... Das bringt mich zu der Frage, deren Diskussion einen wesentlichen Teil dieses Briefes ausmacht.
>
> Wie können wir die Tatsachen, die die moderne Quantenphysik ausmachen, mit den Phänomenen verbinden, die mit dem neuen Prinzip der Synchronizität zusammenhängen? Zunächst ist es sicher, dass beide Arten von Phänomenen über die Grenzen des "klassischen" Determinismus hinausgehen ... Für mich ist diese Frage von besonderer Bedeutung. Seit ich Physik studiere, diskutiere und reflektiere ich darüber seit einem Jahr. "

Die Frage ist an Jung gerichtet, aber Pauli hatte wahrscheinlich schon eine Antwort im Sinn. Tatsächlich greift Pauli nach einigen Zeilen das Thema des Quartärs auf:

> "Um den Unterschied zwischen Mikrophysik und anderen psychischen Fällen hervorzuheben, veröffentlichte ich 1948 einen

Aufsatz über die *Hintergrundpsyche*. In dem Artikel schlug ich ein quartäres Schema vor, bei dem die beiden Fälle unterschiedlichen Gegensatzpaaren entsprechen müssen. Das erste Gegensatzpaar (*siehe D-2*) gehört zur Physik:

Stattdessen gehört ein anderes Paar (*siehe D-3*) zur Psychologie:

Natürlich kann ich nicht sagen, dass diese Quaternität für die Synchronitätstheorie geeignet ist.

Mein Schema hat jedoch den Vorteil, dass sich Raum und Zeit nicht gegenüberstehen.

Der Gegensatz zwischen Zeit und Raum ist eine Lösung, die jeden modernen Physiker besonders abstößt.

Daher scheint mir in meiner Rolle als Physiker der in seinem Schema zum Ausdruck gebrachte Kontrast zwischen Raum und Zeit kaum akzeptabel zu sein.

Erstens bilden Raum und Zeit kein echtes Gegensatzpaar, da Raum und Zeit gleichzeitig auf Phänomene angewendet werden können.

Zweitens erinnere ich mich, dass Sie selbst in anderen Fällen Formulierungen für die wesentliche Identität zwischen Raum und Zeit erstellt haben. "

Pauli zögert nicht, die Gedanken seines Arztes und Psychologen den strengsten wissenschaftlichen Prinzipien und Methoden zu unterwerfen. Pauli möchte die Diskussion jedoch konstruktiv fortsetzen und formuliert einen Kompromissvorschlag:

"... Ich würde also einen Kompromissvorschlag für das Quartärsystem vorschlagen.

Mein Vorschlag vermeidet die Überschneidung von Zeit und Raum. Ich glaube, dass diese Lösung alle Vorteile unserer beiden Schemata kombinieren kann. (*siehe D-4*)

Jung antwortete mit einem Brief von Bolligen vom 30. November 1950. Er formulierte mehrere Argumente zur Trennung von Zeit und Raum aus psychologischer Sicht:

"... Raum und Zeit sind intuitive Begriffe, daher sind sie in einem Bild der intuitiven Welt ewig getrennt und gegensätzlich. In meinem Schema berücksichtige ich psychologische Kriterien. In diesen Fällen handelt es sich um intuitiv wahrnehmbare und nicht um abstrakte Konzepte. "

Aber Jung folgert daraus:

"Sein Kompromissvorschlag ist sehr willkommen, denn er unternimmt den brillanten Versuch, die Intuition zu überwinden.
Sein Vorschlag vervollständigt die intuitive Vision der Welt durch das, was tief im Inneren ist. "

Jung schlägt jedoch vor, "Zufälligkeit" und "Synchronizität" zu ändern. Jung begründet damit seinen Vorschlag:

"Mein Schema scheint die intuitive Welt des Bewusstseins zufriedenstellend zu formulieren. Dieses Schema erfüllt einerseits die Postulate der modernen Physik und andererseits die der Psychologie des Unbewussten ".(*siehe D-5*)

Paulis Antwort kam am 12. Dezember desselben Jahres erneut aus Zollikon (Zürich). Pauli schloss den Brief so:

"Ich habe keinen Zweifel. Die neue Formulierung des "Quartärs des Weltbildes", die mich geschickt hat, ist wirklich der passendste Ausdruck. Im Übrigen entspricht diese Formulierung fast vollständig meinen bisherigen Wünschen. "

Die endgültige Fassung des allgemein als "Pauli-Jung-Diagramm" bezeichneten psychophysischen Diagramms übernimmt den vereinfachten Aspekt, den ich unten wiedergebe (*siehe D-6*). Heute wird das Diagramm fast überall in Psychologiestudien zitiert.

Im linken und rechten Arm des Diagramms balanciert Kausalität oder Determinismus mit Synchronizität. Auf diese Weise erhoffen sich die Autoren eine Zusammenarbeit zwischen mechanistischer Physik und dem Prinzip der Synchronizität. Laut mechanistischer Physik (Kausalität) ist jedes Ereignis mit der Ursache verbunden, die es erzeugt. Stattdessen bezieht sich der Synchronismus auf Ereignisse, die absolut voneinander getrennt sind. Aber diese Ereignisse (Zufälle) werden kohärent, wenn der Protagonist ihnen Sinn gibt. Die horizontale Ebene des Diagramms gleicht diese beiden entgegengesetzten Visionen aus.

Der vertikale Arm stellt oben die Welt der Psyche dar, die mit der Welt der klassischen Physik im Gleichgewicht ist, die unten platziert ist.

Die Welt der Psyche ist die der Nichtlokalität, in der Zeit und Raum nicht existieren. Stattdessen wird die Welt der klassischen Physik von den vier bekannten Dimensionen dominiert, drei räumlichen und eine zeitlichen.

Reden wir mehr über Mandala

Viele Leser werden nicht übersehen haben, dass das psychophysische Diagramm von Pauli-Jung mit einem Mandala verglichen werden kann. Tatsächlich können die vier symmetrischen Arme in einem quadratischen oder runden Rand eingeschlossen sein.

Genau aus diesem Grund stelle ich in Abbildung 18 eine mandalische Darstellung des psychophysischen Diagramms von Pauli - Jung vor. Da alles keinen Sinn ergeben würde, wenn es nicht auf den Menschen angewendet würde, habe ich in der Mitte des Mandalas die Ikone des Mannes von Vitruv eingefügt.

Das zentrale Symbol möchte nicht nur die Bewohner des Planeten Erde darstellen, sondern jede Form von Intelligenz, die im Universum vorhanden ist. Tatsächlich ist Pauli-Jungs Mandala ein universelles Symbol.

Das Unendliche im Endlichen

Betrachten wir noch das große Genie der Literatur, das Shakespeare war.

Obwohl er schon im Leben beliebt war, wurde er nach seinem Tod immens berühmt. Seine Werke wurden von vielen einflussreichen Persönlichkeiten vergrößert und wurden zu Objekten des Studiums sowie der Repräsentation. Derzeit gilt Shakespeare als einer der bedeutendsten englischen Schriftsteller und bedeutendster Dramatiker der westlichen Kultur.

Dank seiner Berühmtheit erhielt Shakespeare viele Ehrungen auch in den Ausdruckskünsten. In Abbildung 14 sehen wir einige Beispiele seines Bildes und seines Denkens, die in verschiedenen künstlerischen Formen reproduziert wurden.

Oben links ist ein Porträt von Martin Droeshout zu sehen, einem englischen Kupferstecher, der gerade durch diese Arbeit berühmt wurde.

Abbildung 9 - Shakespeares Erscheinungsbild und seine Werke wurden auf Papier, in Marmor und in den verschiedenen repräsentativen Denkformen verewigt.

Das Porträt von Droeshout wurde zur dekorativen Illustration des Titelbilds des "First Folio", der ersten Sammlung von Shakespeares Gesamtwerken, und erschien 1623.

Natürlich sehen Sie das Porträt von Droeshout auf der Seite dieses Buches, dh auf dem Papier.

Tatsächlich wird das Bild möglicherweise auf vielen anderen Medientypen reproduziert, z. B. auf Stoff oder Keramik.

Aber lassen Sie uns das Beispiel Papier betrachten. Ein weißes Blatt wurde mit jeder Technik nach Ihrem Belieben gedruckt. So können Sie das auf dem Blatt wiedergegebene Bild sehen. Vor dem Drucken war die Oberfläche des Bogens weiß. Jetzt, nach dem Drucken, wird die Oberfläche des Blattes durch das Bild von Shakespeare besetzt.

Sollten wir glauben, dass dies das einzige druckbare Bild auf dem Blatt war? Ganz und gar nicht: Jedes andere Bild hätte auf demselben Blatt gedruckt werden können. Um genau zu sein, hätte eine unendliche Anzahl von Bildern auf demselben Blatt gedruckt werden können. Zum Beispiel alle berühmten Gemälde aller Altersgruppen, Botticellis Frühling, Picassos Guernica oder Andy Warhols Marylin; all die Herzen, die Liebende auf Bäumen gemeißelt haben, all die unsicheren Zeichnungen von Kindern auf Schultischen, all die Kritzeleien, die Millionen von Männern zeichnen, während sie am Telefon sprechen, alle "naiven" Gemälde, die vom "Non-ja" - Affen oder von anderen Tieren gemalt wurden.

Plus all die surrealen Geometrien, die von der Natur gemalt wurden, wie die Wolken am Himmel, der gewundene Lauf der Flüsse, die vergilbten Blätter oder die Schritte der Krabben, die den Sand entlang laufen und die Welle jagen, die sie zum Strand brachte.

All dies und unendlich viel mehr könnte einen Platz auf diesem Blatt finden. Daher ist das einfache weiße Blatt eine "Matrix", auf die wir das gesamte Universum aufdrucken können.

Leider ist es eine eindimensionale Matrix. Durch das Hinzufügen vieler Bilder würde die Matrix zuerst verwirrt, dann unverständlich und schließlich vollständig schwarz.

In derselben Abbildung 14 oben rechts sehen wir eine Shakespeare-Statue, die 1820 von Giovanni Fontana, einem in Carrara, Italien, geborenen Künstler, geschaffen wurde. 1874 wurde die Fontana-Statue in der Mitte des Leicester Square Gardens in London aufgestellt . Die Skizze dieser Marmorstatue stammt von einem Shakespeare-Denkmal des flämischen Bildhauers Peter Scheemakers. Dieses ursprüngliche Denkmal wurde 1740 errichtet und befindet sich in der Ecke der Dichter in Westminster Abbey.

Kehren wir zur Statue von Fontana zurück, die in Abbildung 14 abgebildet ist. Marmor ist eine dreidimensionale Matrix. Wenn wir uns einen einzigen Marmorblock vorstellen, könnten sowohl die Statue von Giovanni Fontana als auch die von Peter Scheemakers aus diesem Block stammen.

Aus dem hypothetischen Marmorblock, den wir uns vorstellen, könnten tatsächlich alle Statuen der Welt entstanden sein, von Michelangelos Pietà bis zu jeder modernen Kunstskulptur.

Jeder Marmorblock kann alle Statuetten der paläolithischen Venus enthalten, die an verschiedenen europäischen Orten zu finden sind, wie zum Beispiel die Dame von Brassempouy in Frankreich oder jene ohne Namen, die bei den Ausgrabungen der Balzi Rossi in Ventimiglia gefunden wurden.

Der gleiche Marmorblock kann die Statuen aller Göttinnen und Gottheiten aller Zeiten, die Hauptstädte jeder Säule, die Fußböden jedes Gebäudes, den Sieg von Nike, Amore und Psyche von Canova oder den Kuss von Auguste Rodin und noch einmal enthalten der "Biancone" der Piazza della Signoria in Florenz oder der verhüllte Christus der Sansevero-Kapelle in Neapel.

Tatsächlich ist jeder Marmorblock eine Matrix, die möglicherweise alle Statuen des Universums enthält. Solange der Block intakt bleibt, enthält er eine unendliche Anzahl von Statuen, von denen jede in der Struktur ihrer Materie mystisch umrissen ist und möglicherweise zur Entstehung bereit ist.

Vor jedem weißen Blatt oder vor jedem Marmorblock sieht und stellt sich der Künstler sein Projekt vor, wählt es unter unendlich vielen möglichen Projekten aus und realisiert es. Leider beschädigt die Arbeit des Künstlers die Matrix und schließt die Möglichkeit aus, ein anderes Werk zu schaffen.

Wenn ein Künstler jedoch anfängt, den Stein zu schnitzen, enthält jedes Stück Marmor, das sich vom Block löst, möglicherweise unendlich viele Statuen. Wenn ein Blatt Papier fragmentiert ist, kann jedes Fragment unendlich viele Bilder enthalten.

Unten links, in Abbildung 14, sehen wir das Titelbild des Bandes "Hamlet", das wahrscheinlich Shakespeares berühmtestes Werk ist.

Die Zeichnung zeigt ein Buch, aber die Arbeit stammt nicht aus dem Buch. Die Matrix der Arbeit ist eine andere. Das Buch ist nur ein nützliches Mittel, um die Frucht einer Schöpfung der Vorstellungskraft des Autors darzustellen. Daher ist im Fall der Tragödie von Hamlet die Matrix nicht das Buch, sondern der Geist von Shakespeare, seinem Gedanken.

Der Gedanke ist eine Matrix, in der unendliche Werke existieren können, ohne dass eines das andere behindert. Während Shakespeare gleichzeitig in seinem Denken über die Verwirklichung von Hamlet meditierte, existierten alle von ihm geschriebenen Werke, und natürlich auch diejenigen, die nicht geschrieben, nur skizziert oder nur in einem Augenblick oder in einem Fragment eines verwirrten Traums eingebildet waren .

Shakespeares Geist könnte unendliche Gedanken enthalten und seine Gedanken könnten endlose Geschichten hervorbringen. Keine Geschichte wurde gelöscht, als eine andere auftauchte. Alle Geschichten blieben lebendig und präsent und warteten auf ihren Moment.

Der Gedanke von Shakespeare, aber auch der Gedanke eines jeden Menschen, ist nicht zweidimensional oder dreidimensional, sondern hat unendliche Dimensionen. Dank dessen kann das Denken unendlich viele Vorschläge, Ideen und Geschichten enthalten, ohne dass eine davon den anderen schadet.

In Abbildung 14 unten rechts hob der Bildhauer einen Satz von Shakespeare aus dem Zwölften Nacht IV, Szene II hervor. (Twelfth Night)

Die Inschrift, die keinen Kommentar benötigt, lautet "There is no darkness but ignorance" und kann mit "Es gibt keine andere Dunkelheit als die der Unwissenheit" übersetzt werden.

In diesem Fall wird nur ein äußerst kleiner Teil von Shakespeares Gedanken hervorgehoben. Dieser kurze Satz hat jedoch nicht weniger Würde als andere Werke, die in ihrer Gesamtheit betrachtet werden. . Dies bestätigt, dass das Denken unendliche Werke oder sogar winzige Fragmente derselben Werke erschaffen und gleichzeitig enthalten kann. Dies sind Fragmente, die nur für einen kurzen Moment entstehen und sich manifestieren können. Nach diesen kurzen Auftritten bleiben die Ideen verborgen, sie können vergessen werden, aber sie sterben nie.

Der Gedanke eines Mannes ist eine begrenzte, absolut persönliche Matrix, die im Kopf einer einzelnen Person eingeschlossen ist. Denken ist jedoch eine Matrix, die tatsächlich alle Unendlichkeiten gleichzeitig enthalten kann.

Der Gedanke ist ein "Endliches", das das Unendliche enthält

Wenn wir uns ein "endliches" Universum vorstellen wollen, können wir das Konzept der Unendlichkeit nicht ignorieren, auch weil wir nicht wissen, wie wir auf einige Probleme logische Antworten geben sollen.

Feststellen, dass ein Objekt "endliches" ist, bedeutet, eine Grenze setzen zu können, über die das Objekt nicht mehr existiert.

Nun, was gibt es jenseits dieser Grenze? Manche sagen vielleicht "Leere", "nichts". Dies sind keine zufriedenstellenden Antworten. Tatsächlich sind sogar Leere und Nichts "etwas", sie existieren als solches. Sie existieren, weil wir uns auf ihre Existenz berufen. Deshalb sollten wir uns jenseits des ersten "Nichts" ein zweites "Nichts" und dann ein drittes bis ins Unendliche vorstellen.

Wenn wir eine praktische Demonstration als Beispiel nehmen wollen, reicht es aus, auf die höchste Zahl zu verweisen, die wir uns vorstellen können. Wenn das Universum endlich wäre, würde es bei dieser Zahl enden. Und doch wird jeder in der Lage sein, 1 zu dieser Zahl hinzuzufügen und das Ende des Universums ein wenig weiter zu verschieben. Aber dann wird es immer noch möglich sein, eine weitere Einheit hinzuzufügen, und dann praktisch eine weitere ... bis ins Unendliche.

Indem wir unserer Zahl weiterhin eine Einheit hinzufügen, zeigen wir, dass das Universum keine Grenzen hat, also unendlich ist.

Andererseits können wir uns das Denken einer Person vorstellen. Dieser Gedanke ist definitiv vorbei, weil seine Grenzen im Verstand derselben Person liegen. Natürlich fügt diese Person durch ihr Leben ihrem Denken weiterhin Begriffe, Kenntnisse und Einsichten hinzu. Glauben Sie, dass irgendwann jemand zu ihm sagen könnte: "Genug, Sie können keine anderen Begriffe hinzufügen, sein Gedanke ist voll."?

Nein, auf jeden Fall hätte er noch Platz, um das Buschmann - Alphabet, einen Aufsatz über das frühe Erblühen von Veilchen, das Bild eines Nordlichts, das Geräusch einer Kokosnuss, die auf den Boden fällt, und einzufügen so weiter bis unendlich.

Sogar unser Denken ist wie das von Shakespeare. Obwohl es "fertig" ist, kann es das Unendliche enthalten. Wahrscheinlich kann unser physischer Verstand, der sich in unserem Gehirn befindet, als einem Blatt Papier oder einem Marmorblock ähnlich angesehen werden.

Theoretisch kann unser physisches Gehirn einige Ideen physisch in entlegene Gebiete bringen, also können wir sagen, dass es "vergessen" kann. Aber unser Verstand vergisst nichts. Unser Geist wird immer in der Lage sein, jedes Gedankenelement zum Leben zu erwecken, selbst wenn es vergessen oder entfernt wurde. Unser Geist wird immer in der Lage sein, zwischen unendlichen Ideen hin und her zu wandern, auch wenn diese nicht gedacht sind.

Es ist nicht notwendig, Formeln zu argumentieren oder auszuarbeiten, um diese Wahrheit zu beweisen. Es ist sehr einfach. Sie "wissen es".

Kosmischer Gedanke

Wenn wir die Überlegungen, die wir gerade angestellt haben, mit dem Universum verbinden wollen, in dem wir leben, können wir uns zunächst ein "endliches" Objekt vorstellen, zum Beispiel eine Nussschale.

Abbildung 15 - Kosmisches Denken in einer metaphysischen Vision. Es ist ein unendlicher Ort, an dem unendliche Universen entstehen. Jedes Universum ist endlich und unabhängig von den anderen. Auf die gleiche Weise erzeugt ein unendlicher Walnussbaum eine unendliche Anzahl von Nüssen, die voneinander unabhängig sind.

Wir stellen dieses Objekt in den Rahmen eines unendlichen Kosmischen Gedankens.

So wie Shakespeares Denken in der Lage war, unendliche unabhängige und wirklich existierende Werke zu erschaffen, kann Kosmisches Denken eine unendliche Anzahl von Universen hervorbringen. Stellen Sie sich einen unendlichen Walnussbaum vor.

Dieser Baum kann eine unvollendete Anzahl von Nussschalen produzieren. Jede Schale nimmt ihren begrenzten Raum ein, ohne sich der Existenz anderer bewusst zu sein.

Abbildung 15 zeigt den kosmischen Gedanken in Form eines Walnussbaums, aus dem endlose Nüsse entstehen. Jede Nussfrucht enthält ein bestimmtes Universum. Aus jeder Nuss kann ein neuer Baum geboren werden, das heißt ein neuer unendlicher Kosmischer Gedanke, der unendliche Universen hervorbringt.

Dies ist für uns nicht wichtig, denn selbst wenn es wahr wäre, hätten wir niemals den Beweis und würden niemals irgendwelche Konsequenzen erleiden. Selbst im Fall von Zeit- und Raumfahrt wären die erreichbaren Orte immer noch auf unser Universum beschränkt.

Die Theorie des Multiversums

"Einer der Väter der Quantenphysik, Hugh Everett, argumentierte, dass sich ein subatomares Teilchen gleichzeitig sowohl nach rechts als auch nach links bewegen kann. Der Beobachter wählt eine von zwei Möglichkeiten.
Die andere Möglichkeit bleibt jedoch an anderer Stelle bestehen, dh sie überlebt in einem der Paralleluniversen. "

(Sonia Fernández-Vidal, CERN und Los Alamos)

Wahrscheinlich sind wir nicht sehr leidenschaftlich in Bezug auf neue wissenschaftliche Theorien, aber es gibt eine, die wirklich überrascht: Zusätzlich zu unserem Universum könnte es viele andere sogenannte "parallele" Universen geben.

Bisher ist diese Möglichkeit nur in Science-Fiction-Büchern und -Filmen aufgetaucht, aber wir wissen, dass Fantasie häufig wissenschaftlichen Entdeckungen vorausgeht.

Tatsächlich ist es nicht unmöglich, dass Paralleluniversen tatsächlich existieren und nicht nur das Ergebnis der Vorstellungskraft von Filmautoren und Drehbuchautoren sind.

Die Hypothese besagt, dass es außerhalb unserer Raumzeit parallele Dimensionen geben kann, die mehr Universen Leben geben würden.

Die glaubwürdigste Theorie über die Entstehung paralleler Universen besagt, dass seit dem Urknall aufeinanderfolgende kosmische Inflationswellen aufgetreten sind. Das Universum hätte also viele schwindelerregende Expansionsprozesse durchlaufen.

Diese inflationären Ereignisse hätten zu einem Blasen-Superuniversum geführt, einer fraktalen Struktur, in der jede Blase eine kosmische Einheit für sich repräsentieren würde.

Daher würde die Realität aus vielen alternativen Universen zu unseren bestehen. Diese Universen wären nicht sehr verschieden voneinander, aber keines von ihnen wäre unendlich.

Die Menge dieser Universen, die die Summe der "endlichen" Elemente darstellt, wäre wiederum "endlich". Es könnte jedoch unendlich viele Realitätsäußerungen enthalten.

Diese Hypothese ist seit einiger Zeit formuliert und als "Theorie des Multiversums" bekannt. (*The multiverse theory*). Diese von mehreren Physikern vertretene Theorie wurde kürzlich von Stephen Hawking mit Autorität unterstützt.

Kurz vor seinem Tod am 4. März 2018 schlug Hawking eine interessante Interpretation des Multiversums vor. Er tat es in einem wissenschaftlichen Aufsatz mit dem Titel "Ein Ausweg, der durch ewige Inflation erleichtert wird?" (*A Smooth Exit from Eternal Inflation?*). Die Arbeit ist das Ergebnis einer langen Zusammenarbeit zwischen Hawking und dem belgischen Physiker Thomas Hertog.

Eine kürzlich in Zusammenarbeit zwischen der University of Durham (Großbritannien) und der University of Sydney (Australien) durchgeführte Studie hat die Theorie des Multiversums um erstaunliche Spezifikationen erweitert. Demnach könnten parallele Universen sogar das Leben beherbergen. Die detaillierten Ergebnisse dieser Studie wurden in der MNRAS (*Monthly Notices of the Royal Astronomical Society*) veröffentlicht, einer der wichtigsten wissenschaftlichen Veröffentlichungen auf dem Gebiet der Astronomie und Astrophysik.

Die Theorie des Multiversums

Nach Ansicht einiger Wissenschaftler würde sich an der Basis der Entstehung mehrerer Universen die "Dunkle Energie" (*dark energy*) befinden, eine mysteriöse und völlig hypothetische Kraft, deren Existenz man mit den gegenwärtigen Mitteln nicht nachweisen kann. Diese Energieform könnte jedoch, wenn es eine gäbe, viele Probleme lösen. Zum Beispiel könnte seine homogene Diffusion im Raum einen Unterdruck erzeugen, der die beschleunigte Expansion des Universums rechtfertigen könnte

Die Gleichungen, die die gesamte vom Urknall erzeugte Dunklenergie berechnen, ergeben jedoch ein viel höheres Ergebnis als das für die Beschleunigung erforderliche.

Also, wozu dient der Rest der dunklen Energie?

Es gibt zwei mögliche Antworten:

- Unser Universum beschleunigt sich weit mehr als wir glauben.

- Die überschüssige dunkle Energie wird für andere Zwecke verwendet, die wir nicht kennen.

Die Multiversum-Theorie wurde genau geboren, um diesen unerklärlichen Überfluss an dunkler Energie zu rechtfertigen. Die überschüssige Menge würde parallel zu unserer in anderen Universen verteilt.

Davor müssen wir jedoch eine sehr wichtige Überlegung anstellen. Das Universum, in dem wir leben, ist sehr glücklich. Das Glück liegt in der Tatsache, dass unser Universum die richtige Menge dunkler Energie enthält, um genau die Beschleunigung zu erzeugen, der wir ausgesetzt sind. Das Ausmaß der Beschleunigung ist in der genauen Größe vorhanden, die erforderlich ist, um die Entwicklung des Lebens zu ermöglichen. Es ist ein absolut präziser Wert, der es uns ermöglicht: jeden Tag die Lotterie des Lebens zu gewinnen.

Es ist offensichtlich, dass bei unterschiedlichen Beschleunigungswerten die gesamte Entwicklung des Kosmos anders verlaufen wäre, einschließlich der Bedingungen für die Entwicklung des Lebens auf den Planeten.

Zum Beispiel hätte eine größere oder kleinere Beschleunigung in Mengen von nur einem Promille einem ausgesprochen ungewöhnlichen Universum Gestalt gegeben.

Die Rotationsperioden der Planeten, die Gravitationskräfte, die Verteilung der Galaxien und der Sonnensysteme wären unterschiedlich gewesen.

Es ist fast sicher, dass wir auf der Erde kein Wasser und keine Atmosphäre gehabt hätten. Unser Planet könnte eine gasförmige oder felsige Wüste sein, wie fast alle anderen Planeten, die wir kennen. Vielleicht würde die Erde gar nicht existieren. Genau diese Beschleunigung auf das Tausendstel genau hat dazu geführt, dass sich Leben auf der Erde entwickeln könnte.

Die Quantenphysik ist die Mutter des Multiversums

Der wahre Ursprung der Multiversumstheorie muss in der Entwicklung der Quantenphysik gesucht werden.

Ein amerikanischer Wissenschaftler, Hugh Everett, schlug 1957 die sogenannte "Interpretation vieler Welten" (*Many-worlds interpretation*) vor. Everett entwickelte die Theorie im Bereich von Studien und Experimenten zum Quantenverhalten von Materie.

Laut diesen Studien teilt sich das Universum jedes Mal, wenn die Welt auf der Quantenebene vor einer Wahl steht, in zwei Teile.

Um diese Theorie vollständig zu verstehen, ist es notwendig, einen Schritt zurückzutreten und einige Grundregeln der Quantenphysik zu untersuchen, insbesondere das Prinzip der "überlagerten Zustände". (*Superimposition principle*).

Dies ist eines der Grundprinzipien der Quantenphysik, wahrscheinlich das wichtigste. Dieser Grundsatz besagt, dass

"Zwei oder mehr Quantenzustände können addiert werden und das Ergebnis wird ein weiterer gültiger Quantenzustand sein."

(Any two (or more) quantum states can be added together and the result will be another valid quantum state.)

Wahrscheinlich erscheint diese Definition für Nichtfachleute eher unklar, so dass wir sie anhand eines Beispiels erklären können, das wir der traditionellen Physik entnehmen.

Stellen wir uns vor, wir werfen den klassischen Stein in den Teich. Um den Fallpunkt des Steins herum gibt es eine Reihe konzentrischer Kreise, die sich langsam auf der Wasseroberfläche ausbreiten.

Wir werfen jetzt einen zweiten Stein in die Nähe des ersten: Dieser Stein erzeugt auch einen sich ausdehnenden Wellenkreis.

An einem bestimmten Punkt trifft der vom ersten Stein erzeugte Kreis auf den vom zweiten Stein erzeugten, und die beiden Kreise verschmelzen. Genauer gesagt addieren sich die beiden Kreise.

Der erste und der zweite Kreis existieren weiterhin gleichzeitig, aber zusätzlich wird eine "Interferenzfigur" gebildet, die sich aus der Summe der beiden Kreise ergibt.

Diese Phänomene treten immer dann auf, wenn es sich um Wellen jeglicher Art handelt, nicht nur um Wellen auf der Wasseroberfläche.

Interferenzzahlen entstehen auch bei Schallwellen, wenn mehrere unterschiedliche Geräusche addiert werden. Es spielt keine Rolle, ob die Summe die Harmonie eines Orchesters oder den Lärm der Menge schreiender Menschen im Exchange Room hervorruft.

Auch im Radiofrequenzbereich können sich zwei oder mehr Wellen summieren: Jedes Radio- oder Fernsehgerät ist an die Antenne angeschlossen. Die Antenne nimmt gleichzeitig alle in der Atmosphäre vorhandenen Frequenzen auf. Das Ergebnis ist eine unverständliche Verwirrung. Daher muss die von der Antenne erfasste Frequenzmasse vom Decoder verarbeitet werden, der nur die vom Hörer ausgewählte Frequenz an den Lautsprecher sendet.

Betrachten Sie eine andere Hypothese. Wenn wir Kieselsteine gegen eine Wand werfen, wird das Wellenphänomen nicht erzeugt. Die Steine, die gegen die Wand stoßen, erzeugen keine Interferenzfiguren, sondern kleine Läsionen in der Wand. Jede Läsion unterscheidet sich von den anderen. Unter den Stößen werden keine Interferenzphänomene erzeugt.

Dies hilft uns nur, ein Experiment zu verstehen, das als "Doppelspaltexperiment" bezeichnet wird und 1801 zum ersten Mal von dem Briten Thomas Young durchgeführt wurde. Young wollte verstehen, ob Licht aus Partikeln oder Wellen besteht.

Young warf Lichtstrahlen auf eine Barriere. Die Barriere hatte zwei Löcher oder Schlitze und wurde vor einem empfindlichen Bildschirm platziert.

Die Idee von Young war:

- Wenn das Licht aus Partikeln besteht, passiert jedes Partikel den einen oder anderen Schlitz. Das Partikel setzt sich über den Schlitz hinaus fort, erreicht den empfindlichen Bildschirm und hinterlässt ein scharfes Bild, das dem Aufprall einer Kugel ähnelt.

- Wenn das Licht eine Welle ist, dehnt es sich aus, bis die Kreise beide Schlitze erreichen und durch sie hindurchgehen. Die Welle dehnt sich auch über die Risse hinaus weiter aus. Jenseits der beiden Schlitze werden zwei Wellensysteme erzeugt. Die Kreise dieser Systeme dehnen sich aus und überlappen sich. Infolgedessen werden Interferenzmuster auf dem Bildschirm gebildet.

Das Experiment bestätigte die zweite Hypothese. Auf dem empfindlichen Bildschirm erschienen Störgrößen. .

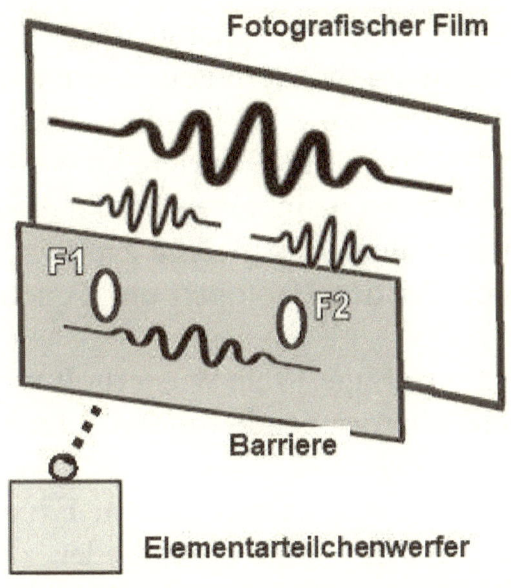

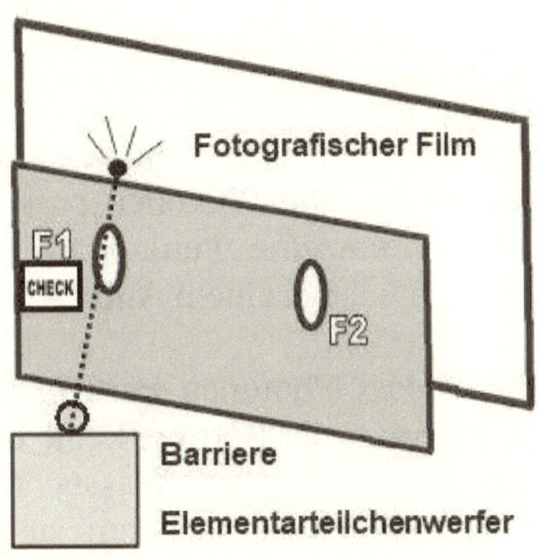

Abbildung 16 - Das Doppelspaltexperiment

Aus diesem Grund ist Young zu dem Schluss gekommen, dass Licht eine Welle ist.

In letzter Zeit haben viele Forschungslabors beschlossen, das Experiment zu wiederholen. Durch den technischen Fortschritt konnten die Verfahren verbessert werden. Anstatt Lichtstrahlen auf die Barriere zu werfen, starteten die Wissenschaftler die einzelnen Photonen, dh die elementaren Lichteinheiten. Das gleiche Ziel war es zu verstehen, ob es sich bei den Photonen um Teilchen oder Wellen handelt.

Das Experiment, das unzählige Male wiederholt wird, liefert immer das gleiche überraschende Ergebnis. Lassen Sie es uns im Detail untersuchen.

Die Apparatur ähnelt der des ursprünglichen Experiments. Beinhaltet eine Barriere mit einem oder zwei Schlitzen und eine Rückwand aus einem lichtempfindlichen fotografischen Film.

Erste Phase. Ein offener Schlitz

Einzelne Photonen werden mit einem einzigen Spalt gegen eine Barriere geworfen. Die Photonen passieren den Schlitz und erzeugen einzelne Punkte auf dem hinteren Bildschirm, ähnlich wie bei einem Aufprall einer Kugel.

Dies deutet darauf hin, dass Photonen Partikel sind: Tatsächlich erzeugen sie jenseits der Barriere keine Interferenzfiguren wie ein Stein, der auf Wasser trifft. Stattdessen gelangen die Photonen, nachdem sie den einzigen Spalt passiert haben, direkt zum Bildschirm und hinterlassen das Zeichen eines Aufpralls.

Zweite Phase. Zwei Schlitze öffnen sich

Die Überraschung kommt, wenn die Experimentatoren ein einzelnes Photon mit zwei Schlitzen gegen eine Barriere werfen (Abbildung 16, oben). Erwartungsgemäß muss dieses einzelne Photon den einen oder anderen Schlitzen passieren. Danach muss er die Markierung einer Kugel hinter dem Schlitzen lassen, den er durchlaufen hat.

Tatsächlich passiert jedoch etwas Unglaubliches. Dieses einzelne Photon kreuzte ALLE ZWEI Schlitze und es wird durch die Tatsache bewiesen, dass Interferenzfiguren jenseits der Barriere erzeugt werden.

Dieses Experiment stellt uns vor eines der tiefsten Geheimnisse der Quantenphysik.

Dritte Phase. Die Rolle des Beobachters

Aber die Überraschungen sind noch nicht vorbei. Um besser zu verstehen, was passiert, setzen wir einen Sensor hinter den F1-Spalt. Wenn das Photon diesen Schlitz passiert, zeichnet der Sensor den Durchgang auf. Auf diese Weise wissen wir, dass das Photon den F1-Schlitz passiert hat. (Abbildung 16, unten). Wir werfen immer noch Photonen, aber zu diesem Zeitpunkt tritt ein noch außergewöhnlicheres Ereignis ein. Das Photon scheint in der Lage zu sein, zu "wissen", dass wir es kontrollieren. Das Photon reagiert unterschiedlich:

Situation 1 - Zwei Schlitze, einer mit einem Steuersensor:

Das Photon passiert einen einzelnen Schlitz, der mit einem Sensor ausgestattet ist. Der Sensor signalisiert den Durchgang des Photons. Das Photon erzeugt den Aufprall eines Projektils auf den empfindlichen Bildschirm. Es werden keine Störgrößen erzeugt.

Situation 2. Zwei Schlitze ohne Steuersensor.
Das Photon passiert beide Schlitze und erzeugt Interferenzmuster auf dem Bildschirm.

Das Ergebnis ist eindeutig: Ein einzelnes Photon kann sich sowohl als Partikel verhalten, das auf dem Bildschirm das Zeichen eines Projektilaufpralls erzeugt, als auch als Welle, die Interferenzfiguren erzeugt.

Das Verhalten wird durch das Vorhandensein eines Steuersensors bestimmt. Dies bedeutet, dass der Beobachter, dh die Person, die das Experiment organisiert, das Verhalten des Photons bestimmen kann.

Ein einzelnes Photon, das durch beide Schlitze geht, repräsentiert eine unverständliche und unwirkliche Situation.

Wenn dieses Photon beobachtet wird, kehrt jedoch alles zum Normalzustand zurück. In Gegenwart eines Steuergeräts passiert das Photon einen einzelnen Schlitz.

Versuchen wir, das Konzept mit anderen Worten auszudrücken.

a) Wenn das Photon nicht beobachtet wird, ist es gleichzeitig in allen möglichen Zuständen vorhanden:
- Zustand 1: Das Photon passiert den Schlitz F1.
- Zustand 2: Das Photon passiert den Schlitz F2.

b) Wenn das Photon beobachtet wird, passiert es einen einzelnen Schlitz.
Technisch gesehen "kollabiert" das beobachtete Photon in einen der möglichen Zustände:

- Einzelzustand: Das Photon passiert den F1-Spalt oder den F2-Spalt.

Dies gilt für alle subatomaren Teilchen, nicht nur für Photonen.

Darüber hinaus müssen wir berücksichtigen, dass, wenn wir zehn Schlitze auf der Barriere öffnen, das nicht beobachtete Teilchen alle zehn durchläuft. Umgekehrt "kollabiert" das beobachtete Teilchen und passiert nur einen Schlitz.

Dieses Experiment ist unglaublich und wichtig, bis zu dem Punkt, an dem wir uns noch mit den Ergebnissen befassen können.

Stellen Sie sich eine Barriere mit drei Schlitzen F1, F2 und F3 vor.

Ausgangssituation:
- Zum Zeitpunkt des Starts weiß das Partikel nicht, dass sich eine Barriere davor befindet.

- Das Partikel weiß nicht, ob und wie viele Risse in der Barriere vorhanden sind.

- Das Partikel weiß nicht, ob es ein Steuergerät gibt.

Alles, was nach dem Start passiert, deutet jedoch darauf hin, dass das Partikel den Pfad kannte. Das ist unerklärlich. Tatsächlich verhält sich das Teilchen am Anfang des Pfades so, als ob es wüsste, was es auf dem Pfad antreffen wird.

Experiment OHNE Kontrollsensor durchführen.
Auf der Barriere angekommen, durchquert das Teilchen alle drei Schlitze, befindet sich also gleichzeitig im F1-Schlitz, im F2-Schlitz und im F3-Schlitz.

Es wird gesagt, dass sich das Teilchen in "Überlagerung von Zuständen" befindet. Alle drei Zustände, in denen es gefunden wird, sind gleichzeitig wahr. Wir können nicht sagen, dass es drei Teilchen gibt. Es gibt nur ein Teilchen, aber alle drei Zustände existieren gleichzeitig. Es ist eine unglaubliche Allgegenwart.

Experiment MIT dem Kontrollsensor durchführen.
Zuvor hatte der Experimentator einen Sensor am Ausgang des F2-Schlitzes installiert. Quantenkollaps tritt auf, dh das Teilchen passiert nur den F2-Spalt.

Die beiden anderen Staaten "verschwinden". Wir können sagen, dass sie auf den beobachteten Staat zusammenbrechen.

Es gibt zwei Fragen. Die erste Frage lautet: Woher weiß das Teilchen, bevor es auf die Barriere trifft, welchen Zustand es einnehmen soll?

Die zweite Frage lautet: Das Teilchen war möglicherweise in drei Zuständen vorhanden, kollabiert jedoch in den Zustand F2. Was passiert mit den beiden anderen Zuständen F1 und F3? Kommt es wirklich vor, dass die Zustände F1 und F3, in dem Moment, in dem sie auf F2 zusammenbrechen, aufheben und aufhören zu existieren?

Das ganze Problem der Existenz des Multiversums liegt in der Antwort auf diese Frage.

Die meisten Wissenschaftler sagen, dass F1 und F3 nur Wahrscheinlichkeiten waren. Sie hören also auf zu existieren, sobald die alternative Wahrscheinlichkeit F2 real wird.

Ein weiterer Wissenschaftler, Hugh Everett, unterstützt eine andere Theorie. Ihm zufolge bleiben alle drei Wahrscheinlichkeiten wirklich bestehen. Wenn der Beobachter den Zusammenbruch einer Wahrscheinlichkeit in unserer Realität, das heißt in unserem Universum, verursacht, fallen die beiden anderen Wahrscheinlichkeiten in andere Universen zusammen.

Daher beinhaltet laut Everett jeder in unserem Universum vorhandene Wahrscheinlichkeitszustand die Existenz anderer Universen. Natürlich könnte sogar unser Universum die Verdichtung einer Wahrscheinlichkeit sein, die anderswo im Kosmos geboren wurde. Unser Universum könnte einfach eines von unzähligen anderen wahrscheinlichen Universen sein, die möglich geworden sind.

Tatsächlich kann unser Universum wie eine winzige Walnussschale in einer kosmischen Realität sein, die unendlich sein könnte.

Das Konzept des Multiversums ist nicht auf Everetts Annahmen beschränkt. In den letzten Jahrzehnten wurde das Konzept auch in anderen wissenschaftlichen Theorien bestätigt, insbesondere in der "Stringtheorie" (the string theory) und der "chaotischen Inflation" oder "Blasentheorie".

Die Hypothese des Multiversums ist heute eine Quelle von Meinungsverschiedenheiten in der Gemeinschaft der Physiker, die es für zu riskant halten und es in die Grenzwissenschaften einordnen.

Die Unterstützer sind jedoch zahlreich und qualifiziert. Darunter ist Stephen Hawking, den wir bereits auf diesen Seiten kennen und über den nichts hinzuzufügen ist. Zu den Unterstützern zählen Steven Weinberg, ein 1979 mit dem Nobelpreis ausgezeichneter Physiker, Brian Greene, Professor an der Columbia University und einer der wichtigsten Wissenschaftler der Stringtheorie, Neil Turok, ein südafrikanischer Experte für Stringtheorie, Max Tegmark, ein schwedischer Kosmologe und Professor am Massachusetts Institute of Technology. Ein weiterer maßgeblicher Befürworter ist der Russe Alex Vilenkin, Autor von Forschungen zu Kosmologie, kosmischer Inflation, Dunkler Energie und Quantenkosmologie.

Wir müssen uns auch an Andrej Linde erinnern, Professor für Physik an der Stanford University, der bekanntermaßen der Vater der Theorie der chaotischen Inflation ist. Darüber hinaus gibt es viele andere Wissenschaftler, die als zuverlässig gelten sollten, da sie wichtige Beiträge zum aktuellen wissenschaftlichen Kenntnisstand geleistet haben.

Wie viele Arten von Multiversum gibt es?

2011 erschien ein Buch von Brian Greene mit dem Titel "Die verborgene Realität: Paralleluniversen und die tiefen Gesetze des Kosmos". (The Hidden Reality: Parallel Universes and the Deep Laws of the Cosmos). Der Autor listet neun Arten plausibler Paralleluniversen auf, das heißt, sie sind nicht das Ergebnis von Fantasien oder Ideen, die weit hergeholt, aber mit wissenschaftlichen Theorien vereinbar sind. Diese Theorien werden nicht bestätigt, sondern in akkreditierten Umgebungen geboren, die eine Berücksichtigung wert sind.

Brian Greene ist ein amerikanischer Physiker, einer der bekanntesten Anhänger der Stringtheorie. Unter seinen Hypothesen über die Multiversen berichte ich hier nur einige. Ich habe diejenigen ausgewählt, die für die in diesem Buch behandelten Themen interessant sein könnten. Diejenigen, die mehr über das Thema erfahren möchten, können Greenes Buch leicht zum Verkauf finden.

Die Multiversumlandschaft (The landscape multiverse)

Das Multiversum "Landschaft" besteht aus "Calabi-Yau-Räumen". Diese Räume sind Landschaften, auf denen das Multiversum erscheint. Diese Räume stehen im Zusammenhang mit der Stringtheorie, die die Existenz einer Reihe von Dimensionen von 10 bis 26 vorhersagt, also viel mehr als die vier uns bekannten (Länge, Breite, Höhe und Zeit). Die anderen Dimensionen würden in jedem Raumzeitpunkt verborgen und "aufgerollt". Selbst wenn sie verborgen sind, können diese Dimensionen ihre Energieniveaus aufgrund von Quantenfluktuationen ändern. Auf diese Weise entstehen neue Räume mit jeweils unterschiedlichen Gesetzen.

Derzeit beschleunigt sich die Expansion des Universums. Diese Beschleunigung wäre auf die "kosmologische Konstante" zurückzuführen, die auf eine dunkle Energie zurückzuführen ist, die den Raum durchdringt. Derzeit wissen wir nicht, was dunkle Energie ist, und wir wissen nicht einmal, warum sie ihren spezifischen Wert hat. Einige führen diesen Wert auf das anthropische Prinzip zurück, das heißt auf die Idee, dass das Universum dazu bestimmt war, die Existenz von Leben und Mensch zu ermöglichen.

Unter Anwendung des anthropischen Prinzips verstehen wir, dass unser nur eines der vielen möglichen Universen ist. Die anderen Universen können gleiche oder unterschiedliche Dunklenergiewerte haben. Diese Werte sind auf die Lebensform zugeschnitten, die in diesem Universum entwickelt werden muss.

Das Quantenmultiversum (The quantum multiverse)

In der Quantenmechanik besteht Materie aus Teilchen oder Wellen. Dies bedeutet, dass es nicht möglich ist, die Geschwindigkeit eines Partikels und seinen Ort gleichzeitig zu bestimmen.

Mit anderen Worten, wir können den räumlichen Ort eines Teilchens nicht genau kennen. Daher werden die Partikel durch die Schrödinger-Gleichung beschrieben. Diese Gleichung bestimmt die Wahrscheinlichkeit, dass ein Partikel an einem Ort statt an einem anderen gefunden werden kann. Erst wenn ein Teilchen beobachtet wird, "kollabiert" es und seine Position wird sicher.

Im Quantenmultiversum entsteht ein neues Universum, wenn ein Ereignis unterschiedliche Wahrscheinlichkeiten hat.

Dies ist Hugh Everetts "Interpretation vieler Welten" (Many Worlds Interpretation). Diese Interpretation sagt voraus, dass jede Messung oder Beobachtung die Aufteilung unserer Realität in viele Welten bewirkt.

Das Teilchen, das eine Wellenfunktion ist, unterliegt dem Quantenprinzip der "Überlagerung von Zuständen" (superposition of states), so dass es sich gleichzeitig an zwei oder mehr verschiedenen Orten befinden kann. Während sich das Teilchen in unserem Universum an einem bestimmten Punkt befindet, kann es in anderen Universen vorübergehend an verschiedenen Punkten gefunden werden.

Das simulierte Multiversum (The simulated multiverse)

Diese Art von Multiversum existiert in komplexen Computersystemen, die das Funktionieren vieler Universen simulieren. Nach dieser Interpretation leben wir in einem künstlichen Universum, das als Simulation auf einem hochentwickelten Computer erstellt wurde.

Wahrscheinlich werden die technologischen Fortschritte in ferner Zukunft die Schaffung von Computern ermöglichen, die ein ganzes Universum simulieren können. Es ist jedoch nicht klar, ob ein Wesen wie der Mensch, der mit Bewusstsein ausgestattet ist, von einem Computer erzeugt und simuliert werden kann.

Der Physiker und Mathematiker Roger Penrose hat auf der Grundlage von Gödels Unvollständigkeitssatz gezeigt, dass einige Funktionen unseres Gehirns für keinen Computer reproduzierbar sind. Infolgedessen ist diese Multiversum-Hypothese derzeit völlig ausgeschlossen.

Wenn es jedoch in Zukunft möglich sein wird, simulierte Universen zu erstellen, wird es in jedem simulierten Universum technologische Zivilisationen geben, die wiederum simulierte Universen erstellen können.

Das ultimative Multiversum *(The ultimate multiverse)*

Dieses Multiversum würde jedes mathematisch mögliche Universum mit unterschiedlichen physikalischen Gesetzen enthalten. Dies ist die philosophischste Kategorie.

Das endgültige Multiversum leitet sich aus dem von dem amerikanischen Philosophen Robert Nozick theoretisierten "Prinzip der Fruchtbarkeit" ab. Nach diesem Prinzip ist jedes mögliche Universum real. In Wahrheit hat dieses Prinzip viel ältere Ursprünge und geht auf Platon zurück, der es "Prinzip der Fülle" nannte.

Das Multiversum Brane *(The brane multiverse)*

Dieses Multiversum leitet sich aus der M-Theorie "Die Mutter aller Theorien" (*The Mother of all theories*) ab. Hawking hat in den letzten Jahren seines Lebens an diesem Projekt gearbeitet. Die Theorie M versucht, alle bestehenden Theorien und alle fundamentalen Wechselwirkungen der Materie (Schwerkraft, Kernkräfte und elektromagnetische Kraft) zu vereinheitlichen. Nach der Theorie wäre jedes Universum eine dreidimensionale Brane. Nehmen wir ein Beispiel. Wenn die dreidimensionalen Branes Brotscheiben sind, ist das Multiversum das Brot, das alle Scheiben enthält.

Ästhetik der Wissenschaft

Diese Multiversum-Modelle können nicht experimentell verifiziert werden, und dies versetzt sie vorerst in den Bereich der Philosophie oder Metaphysik.

Die Erfahrung erinnert uns jedoch daran, dass viele wissenschaftliche Entdeckungen aus exzentrischen oder extravaganten Intuitionen hervorgegangen sind. Dies kommt natürlich nur in wenigen Sonderfällen vor. Dies kommt in der Tat selten vor

Warum beschäftigten sich Wissenschaftler mit der Entwicklung bestimmter Theorien, in dem Wissen, dass es schwierig sein wird, eine Bestätigung zu finden?

Wahrscheinlich ist der Wissenschaftler wie ein Künstler. Er hat das Bedürfnis, mit den Werkzeugen, die er besitzt, die Ästhetik seines Denkens auszudrücken.

So wie es die Ästhetik der Kunst gibt, gibt es auch eine echte Ästhetik der Wissenschaft. Diese Funktion vervollständigt die mathematische Schönheit und Logik wissenschaftlicher Studien.

Der indische Physiker Subrahmanyan Chandrasekar, Nobelpreis für Physik 1983, schrieb den Aufsatz "Wahrheit und Schönheit. Die Gründe für Ästhetik in der Wissenschaft". (*Truth and Beauty: Aesthetics and Motivations in Science*). In dem einleitenden Kommentar können wir diese Aussage lesen:

"Eine große wissenschaftliche Theorie ist auch ein Kunstwerk. Für die größten Wissenschaftler war Schönheit immer eines der zu erreichenden Ziele, ein Wegweiser auf dem Weg zur Wahrheit. "

John Sullivan, Autor der Biographien von Newton und Beethoven, schreibt im Mai 1919 in "*Athenaeum*":

"Das Hauptziel der wissenschaftlichen Theorie ist es, die in der Natur beobachteten Harmonien auszudrücken. Infolgedessen müssen diese Theorien einen ästhetischen Wert haben. In der Tat ist das Maß für den Erfolg einer wissenschaftlichen Theorie das Maß für ihren ästhetischen Wert.

Tatsächlich ist eine wissenschaftliche Theorie gültig, wenn sie Harmonie einführt, wo Chaos herrschte.

Die Rechtfertigung einer wissenschaftlichen Theorie und der wissenschaftlichen Methode kann in ihrem ästhetischen Wert gefunden werden. Die Gründe, die den Wissenschaftler leiten, sind von Anfang an Manifestationen des ästhetischen Impulses.

Wissenschaft kann Kunst nur dann unterlegen sein, wenn sie eine unvollständige Wissenschaft ist. "

Intelligenz im Zentrum des Universums

Es ist nicht Materie, die Gedanken erzeugt,
aber es ist der Gedanke, der Materie erzeugt.

(Giordano Bruno, Philosoph)

Die Rolle des Beobachters

Nun müssen wir zu dem oben beschriebenen Doppelspaltexperiment zurückkehren, um einige wichtige Beobachtungen über die Rolle des Beobachters zu machen. Wir sprechen über die Figur des Beobachters, die nach der Quantentheorie verstanden wird.

Die wichtigste Konsequenz des Doppelspaltexperiments ist, dass der Beobachter das Verhalten des Photons einfach durch Beobachtung bestimmen kann. In symbolischen Begriffen sagen wir, dass das "Aussehen" des Betrachters das Verhalten der Materie verändert.

Dies geschieht nicht nur bei Photonen, sondern bei allen Elementarteilchen wie Protonen und Elektronen.

John Wheeler war ein amerikanischer Physiker. Er war eine charismatische Figur in der Physik der 30er und 40er Jahre. Viele berühmte Physiker sind unter Wheelers Führung aufgewachsen, darunter auch Richard Feynman.

Wheeler prägte unter anderem den Begriff "Wurmloch", um die Raumtunnel zu kennzeichnen, mit denen die verschiedenen Regionen der Raum-Zeit verbunden werden können.

Wheeler glaubt, dass die Beteiligung des Beobachters an der subatomaren Realität mit Sicherheit der wichtigste Aspekt der Quantenphysik ist. Daher schlägt Wheeler vor, den Begriff "Beobachter" durch den Begriff "Teilnehmer" zu ersetzen. Er drückt diesen Glauben in einem berühmten Zitat aus:

"Die Messung verändert den Zustand des Elektrons. Nach der Messung ist das Universum nicht mehr dasselbe. Um zu beschreiben, was passiert ist, müssen wir das alte Wort "Beobachter" streichen und durch den neuen Begriff "Teilnehmer" ersetzen. In gewisser Weise ist das Universum ein Universum, das auf Partizipation beruht ".

Auf der Ebene der Elementarteilchen kann das Bewusstsein des Betrachters am Funktionieren der Materie teilnehmen, ja dieses Funktionieren bestimmen.

Dies gilt vorerst für einzelne Partikel. Alles im Universum besteht jedoch aus einzelnen Teilchen. Durch nachfolgende Studien entdecken wir, dass Bewusstsein auch auf Aggregationen von Photonen, Atomen, Molekülen eingreifen kann. Vielleicht werden wir in Zukunft entdecken, dass das Bewusstsein auf ganze biologische Organismen einwirken kann.

Vielleicht sprechen wir über das Phänomen, dass im außersinnlichen Bereich Psychokinese genannt wird?

Psychokinese oder Telekinese oder Pk ist ein paranormales Phänomen. Nach der Psychokinese ist ein Lebewesen in der Lage, auf eine Weise, die der Wissenschaft unbekannt ist, auf die Umgebung einzuwirken und leblose Objekte zu manipulieren.

Durch Psychokinese könnten Objekte bewegt, Metalle gebogen, Maschinen in Bewegung gesetzt und viele andere Aktionen ausgeführt werden. All dies wäre mit der alleinigen Kraft des Geistes möglich. Die Wissenschaft erkennt diese Möglichkeit nicht und hält sie für eine Phantasie.

Ich füge einige philosophische Überlegungen hinzu.

Die offizielle Wissenschaft hat bewiesen, dass es durch Beobachtung eines einzelnen Teilchens möglich ist, sein Verhalten zu beeinflussen. Die Beobachtung kollabiert das Teilchen in einem bestimmten Zustand.

Natürlich ist alles, was um uns herum passiert, das Ergebnis von Teilchen, die in bestimmten Zuständen zusammenbrechen und nicht in anderen. Darüber hinaus sind wir zwar Beobachter, also sind wir diejenigen, die den Zusammenbruch verursachen.

Deshalb erscheint uns der Himmel blau und die Schale eines Apfels rot, weil wir diese Farbe selbst bestimmen, wenn wir sie beobachten.

Es ist wahr, dass wir alle die gleiche Farbe sehen, aber nicht genau die gleiche. Dafür können wir uns vorstellen, mit einigen gemeinsamen Grundfertigkeiten entworfen worden zu sein. Es war notwendig, Ordnung in der Schöpfung zu halten. Er, der uns entworfen hat, tat dies mit großer Weisheit, mit großer Ausgewogenheit.

Wir sind nicht dazu bestimmt, passiv zu leiden, was um uns herum geschieht. Nach diesem Projekt sind wir Direktoren und Erbauer des Universums, das uns umgibt.

Unsere Sinne sind so konzipiert, dass sie die Realität zusammenbrechen lassen, so wie sie zusammenbricht.

Es gäbe viele andere Möglichkeiten. Zum Beispiel könnten wir einen rot-grün gestreiften Himmel oder ein Meer aus gelbem Wasser sehen. Diese Möglichkeiten verschwinden jedoch, wenn wir auf den Himmel und das

Meer "schauen" und unser Blick die bekannten Farben und Transparenzen hervorbringt.

Ebenso sind der Geschmack und die Härte, die wir bei Berührung wahrnehmen, das Ergebnis des Zusammenbruchs der an diesen Phänomenen beteiligten Elementarteilchen.

Dies bestätigt den ältesten Gedanken der Menschheit. Wir sind nicht nur Zufallsprodukte. Wir sind keine Gefangenen in einem Universum, dem unsere Bedeutungslosigkeit egal ist. Wir leben vielmehr in einem Universum, das nach unseren Maßstäben aufgebaut ist. Mehr noch: Wir tragen selbst zum Aufbau unseres Universums bei.

Eine wissenschaftliche Nemesis

In diesem Kapitel sehen wir, wie die Menschheit eine wissenschaftliche Nemesis erlebt. Vor einigen Jahrhunderten entfernten einige Wissenschaftler die Erde aus dem Zentrum des Universums. Heute bringen andere Wissenschaftler den Menschen in die gleiche Position. Wir werden uns schrittweise der Bestätigung dieser Aussage nähern.

Isaac Newton, englischer Mathematiker und Astronom, erarbeitete die Bewegungsgesetze. Newton veröffentlichte die Ergebnisse seiner Forschung 1687 im Band "Philosophiae Naturalis Principia Mathematica". Jeder Gelehrte, der dieses Buch las, verstand, dass es möglich sein würde, die Flugbahn jedes Projektils zusätzlich zur Umlaufbahn jedes Himmelskörpers zu berechnen.

Der französische Astronom Urbain-Jean-Joseph Le Verrier berechnete 1845 die Position eines mysteriösen Himmelskörpers, der für das unregelmäßige Funktionieren der Umlaufbahn des Uranus verantwortlich war. Er tat dies, indem er die Newtonschen Prinzipien anwendete.

1846 konnte der deutsche Wissenschaftler Johann Gottfried Galle den Himmelskörper von Le Verrier beobachten. Dieser Körper wurde der achte Planet des Sonnensystems mit dem Namen Neptun.

Diese und andere Bestätigungen der Newtonschen Theorie legen nahe, dass es bei Kenntnis der beteiligten Kräfte möglich gewesen wäre, die Bewegung eines Himmelsobjekts mit absoluter Präzision zu bestimmen.

Tatsächlich war es möglich, die Ephemeriden-Tabellen zu berechnen. Diese Tabellen enthalten die Koordinaten der Sterne nach dem Zeitverlauf, dh sie sagen die Positionen voraus, die zu einem späteren Zeitpunkt von den Himmelskörpern eingenommen werden.

Die Begeisterung war so groß, dass der französische Astronom Pierre-Simon de Laplace (1749-1827) erklärte:

> "Wenn die Position und der Impuls eines Teilchens in einem bestimmten Moment genau bekannt wären und alle auf das Teilchen selbst einwirkenden Kräfte bekannt wären, würde seine Bewegung in allen folgenden Augenblicken eindeutig bestimmt. Dies wäre mit den Gleichungen der Mechanik möglich ".

In einfacheren Worten, Laplace bedeutete, dass die Konsequenz, wenn es möglich gewesen wäre, die Daten in Bezug auf die Position und Geschwindigkeit aller im Universum vorhandenen Moleküle und Atome zu analysieren, umwerfend gewesen wäre.

Mit diesem Wissen wäre es möglich gewesen, die zukünftigen Bewegungen jedes Himmelskörpers zu bestimmen.

In der Praxis hätte das Schicksal des Universums berechnet werden können.

Die Aussage von Laplace hatte trotz seiner rein wissenschaftlichen Merkmale sehr relevante philosophische Implikationen.

Laut Laplace wäre es möglich gewesen, alles, was in der Vergangenheit passiert war und alles, was in der Zukunft passiert wäre, zu berechnen, wenn die Situation des Universums zu einem bestimmten Zeitpunkt bekannt gewesen wäre.

So verstärkte Laplace die in wissenschaftlichen Kreisen bereits weit verbreitete Idee eines völlig mechanischen Universums, das von Zufall und Materie beherrscht wird.

Das gesamte Universum glich einem riesigen Frühlingsspielzeug, einem Uhrwerk, das in der Lage war, dynamisch vorgegebene Operationen durchzuführen. Aber in diesem Universum wäre jede Aktivität, die aus dem freien Willen resultiert, ausgeschlossen worden.

Folglich unterliegt auch der Mensch, da er aus materiellen Teilchen besteht, den Newtonschen Regeln, weshalb er ein mechanisches Spielzeug ist, das sich nur auf den von den Zahnrädern zugelassenen Wegen bewegen kann. Dieses "Spielzeug" kann sich weiter bewegen, bis die Feder entladen ist und er keine Chance hat, sein Schicksal zu ändern.

Diese Schlussfolgerungen bestätigten das Konzept des "Determinismus", das bereits seit dem 14. Jahrhundert in Mode ist. Dem Determinismus zufolge entwickelt sich alles mit mechanischer Präzision, unabhängig von den Wünschen und dem Willen des Menschen.

Nachdem der Planet Erde aus dem Zentrum des Universums entfernt worden war, wurde auch der Mensch aus dem Zentrum der Schöpfung entfernt. Der Mann wurde eine Kreatur, die durch Zufall auf einem winzigen Planeten am Rande der Galaxis erzeugt wurde.

Zwischen dem neunzehnten und dem zwanzigsten Jahrhundert veränderte sich die Vision der Welt radikal, als Physik und Astronomie einen Wissensstand erreichten, der in früheren Jahrhunderten nicht vorstellbar gewesen war.

Erstaunliche Zufälle

Die Aufgabe der Wissenschaft besteht darin, das Universum durch Hypothesen und Theorien zu beschreiben, die in Form universeller Gesetze ausgedrückt werden. Sehr oft werden in der Beschreibung mathematische Formeln verwendet, um die Realität möglichst objektiv zu erfassen.

Auf diese Weise werden Anteile und Verhältnisse berechnet, die unter allen Bedingungen fest bleiben und daher als "konstant" definiert werden. Diese Werte haben einen unschätzbaren Wert. Sie sind die sehr soliden Grundlagen für die Berechnung aller Gesetze, die das Universum regieren.

Natürlich entstehen die Konstanten nicht zufällig und können nicht "una tantum" bestimmt werden, um eine Theorie zu stützen. Die Konstanten müssen in unendlichen praktischen Experimenten als stabil, fest und unveränderlich bestätigt werden. Erst danach werden diese Wege von allen Physikern akzeptiert.

Es gibt einige anhaltende Kontroversen unter Wissenschaftlern, bei denen eine Konstante aufgrund von Änderungen im Universum über Millionen von Jahren variieren kann. Zum Beispiel nehmen wir an, dass die "universelle Gravitationskonstante" (universal gravitational constant) mit zunehmendem Alter des Universums abnimmt.

Dies hat jedoch keine Auswirkung auf eine Beobachtung, die für jedermann absolut offensichtlich erscheint: Wenn die physikalischen Konstanten sogar unmerklich andere Werte hätten, würde das Universum nicht existieren oder wäre völlig anders, als wir es beobachten.

Das heißt, das Universum ist so, weil die Konstanten, die es regulieren, genau so sind, auf das Tausendstel Tausendstel genau.

Betrachten Sie den Fall der Konstante, die die elektromagnetische Kraft in Atomen reguliert, auch "Feinstrukturkonstante" (*fine-structure constant*) genannt, Symbol "α". Eine kleine Änderung dieser Konstante würde die Beziehungen zwischen den Abstoßungs- und Anziehungskräften unter den Elementarteilchen stören.

In einem Universum mit einem anderen "α" -Wert würden die Sonne, ihre Planeten und jede Lebensform, einschließlich uns selbst, nicht mehr existieren. Die "Feinstrukturkonstante" ist der Wert, der die Beziehungen zwischen den wichtigsten physikalischen Konstanten des Elektromagnetismus regelt, dh der Ladung des Elektrons, der Dielektrizitätskonstante im Vakuum, der Planck-Konstante und der Lichtgeschwindigkeit. Diese Konstante ist für String- und Multiverse-Theorien von großer Bedeutung.

Die "Planck-Konstante" (*Plank constant*), die üblicherweise als "Quantum" bezeichnet wird, wird durch das Symbol **"h"** dargestellt. Das "Quantum" ist der kleinste Teil der Elementarteilchen, aus denen die Materie besteht: Elektronen, Protonen, Neutronen und viele andere. Das "wie viel" ist unteilbar. Sein Wert beträgt $6{,}62606876 \times 10^{-34}$ Js. Lesen Sie einfach diese Nummer, um zu verstehen, dass es sich um eine extrem kleine Menge handelt. Trotzdem definiert es jeden Teil des Universums, von der Größe der Atome bis zur Kraft der Kernreaktionen in den Sternen. Darüber hinaus besteht das Licht aus "quanten".

Das **"G"** -Symbol kennzeichnet die "Gravitationsanziehungskonstante" (*gravity constant*), dh den Proportionalitätskoeffizienten im universellen Gravitationsgesetz, das Ende des 17. Jahrhunderts von Isaac Newton formuliert wurde. Dieselbe Konstante erscheint auch in der Gleichung des Gravitationsfeldes der Allgemeinen Relativitätstheorie. Die Konstante **"G"** bestimmt die Kraft, die proportional zu den Massen ist, mit denen jedes Objekt von Steinen über Planeten, Sterne bis hin zu Galaxien angezogen wird. Die "G" -Konstante ist sehr klein und beträgt $6{,}67 \times 10^{-11}$ N m² / kg².

Das **"e"** Symbol zeigt die Elektronenladung an. Die Einheit der elektrischen Ladung entspricht $1{,}60219 * 10^{-}$

[19] Coulomb. Es ist nicht teilbar, es gibt keine Untermultiplikatoren. Quarks mit einer Ladung von 1/3 oder 2/3 werden mit anderen Quarks verknüpft, um eine ganze Einheit oder ein Vielfaches zu addieren.

Eine andere Konstante, die von absoluter Bedeutung ist, ist die Lichtgeschwindigkeit im Vakuum, dargestellt durch das Symbol **"c"**. Sein Wert beträgt 299.792.458 m / s, oft vereinfacht in 300.000 Kilometern pro Sekunde. Es ist die Geschwindigkeit, die in der Einsteinschen Physik nicht zu überwinden ist.

Die vier fundamentalen Kräfte, die die Natur bestimmen, sind Gravitationswechselwirkung, elektromagnetische Wechselwirkung, schwache nukleare Wechselwirkung und starke nukleare Wechselwirkung. Diese Kräfte hängen von einigen der genannten Konstanten ab, wie der Lichtgeschwindigkeit, der universellen Gravitationskonstante, der Planck-Konstante, der Hubble-Konstante, der elektrischen Ladung des Elektrons, der Elektronenmasse und anderen.

Aber warum haben diese Konstanten wirklich diese Werte? Die Antwort könnte implizit in einer anderen Frage liegen: Was würde passieren, wenn die fundamentalen Konstanten unterschiedliche Werte hätten?

Wir können Simulationen durchführen und den Konstanten etwas andere Werte zuweisen als den vorhandenen. Auf diese Weise können wir überprüfen, welche Art von Universum resultieren könnte.

Nun, jede Simulation zeigt, dass durch Variation der Konstanten die Bedingungen, die die Entwicklung des Lebens auf der Erde ermöglichten, nicht erfüllt worden wären.

Beginnen wir mit dem extrem kleinen. Wenn die Masse des Protons größer oder kleiner als die Masse des Neutrons würde, würden alle Atome instabil werden. In der Praxis würde das Universum in einem kosmischen Stau zusammenbrechen.

Wenn die Wasserstoffatome Protonen und Neutronen unterschiedlicher Masse enthalten würden, würde dies dazu führen, dass sich diese Atome in Neutronen und Neutrinos aufspalten würden. Die Sonne und alle Sterne würden ohne Kernbrennstoff gelöscht.

Nach den Simulationen wäre Wasserstoff das einzige stabile Element im Universum, wenn die starke Kernkraft minimal schwächer würde. Jedes andere Element würde fehlen. Zum Beispiel würde es keinen Kohlenstoff geben, der die Grundlage unseres Lebens ist.

Wir betrachten auch die Dichte der Materie. Wenn die Dichte größer wäre, könnten nur schwarze Löcher gebildet werden, keine Sterne. Selbst wenn die Dichte kleiner wäre, hätten sich die Sterne nicht gebildet.

Wenn die Schwerkraft etwas stärker wäre als sie ist, würde sich das Universum sehr schnell entwickeln und die Sterne würden in sehr kurzer Zeit ihren Treibstoff verbrauchen.

Wenn andererseits die Schwerkraft schwächer wäre als sie ist, wäre die Materie nicht in der Lage, sich zu Nebeln, Galaxien, Sternen und Planeten zu kondensieren. Das Universum wäre ein chaotischer Raum voller Material- und Gasfragmente.

Zusammenfassend ist es klar, dass die physikalischen Gesetze, die das Universum regieren, nicht sehr verschieden von dem sein können, was sie sind. Wenn diese Gesetze unterschiedlich wären, würden sie die Möglichkeit des Lebens, wie wir es kennen, gefährden.

Lassen Sie uns den kosmischen Raum verlassen und andere außergewöhnliche Zufälle bewerten, die auf der Ebene des Planeten Erde näher bei uns wirken.

Betrachten Sie die Entfernung des Planeten Erde von der Sonne. Wenn es weniger als ein kleiner Prozentsatz wäre, wie 5%, würden die Ozeane kochen. Wenn andererseits die Erde 15% weiter von der Sonne entfernt wäre, würde der gesamte Planet ein Eisblock werden. Aus Symmetriegründen würde das Gleiche passieren, wenn die Sonne etwas größer oder kleiner wäre.

Kohlenstoff- und Sauerstoffatome sind in biologischen Organismen fast gleichermaßen vorhanden. Dieses leichte Ungleichgewicht macht das Leben möglich. Eine andere Zusammensetzung würde große Probleme verursachen. Zum Beispiel würden Böden mit übermäßigem Sauerstoffgehalt an Fruchtbarkeit verlieren, weil sie kohlenstoffbasiertes Leben verbrennen würden.

Die Erdumlaufbahn ist exzentrisch, das heißt nicht kreisförmig, aber leicht elliptisch. Außerdem ist die Erdachse geneigt. Diese beiden Besonderheiten tragen zur Aufrechterhaltung eines ausreichend stabilen Klimas bei und ermöglichen einen Wechsel der Jahreszeiten. Dies ermöglicht landwirtschaftliche Kulturpflanzen.

Seit einigen Jahren beginnt die Suche nach erdähnlichen Planeten. Diese Forschung konzentriert sich auf die sogenannte "Bewohnbarkeitszone". Es ist eine schmale Bande von Raum um den Hauptstern. Zum Glück befindet sich die Erde genau in der kleinen Bewohnbarkeitszone, die die Sonne umgibt. Wenn unsere Umlaufbahn interner oder externer wäre, könnte das Leben auf unserem Planeten nicht so existieren, wie wir es kennen. Dank der Tatsache, dass sich die Erde in der bewohnbaren Zone der Sonne befindet, können wir Wasser in flüssigem Zustand haben.

Die terrestrische Biologie basiert auf Kohlenstoff, einem Atom mit sechs Protonen. Kohlenstoff ist hier nicht zufällig.

Abbildung 17 - Brandon Carter, Schöpfer der Theorie "Anthropisches Prinzip". Nach dieser Theorie wurde das Universum "konstruiert", um die Entwicklung eines intelligenten Lebens zu ermöglichen.

Dieses Element wurde während der Bildung des Universums durch sehr komplizierte Ereignisse geboren. Dank dieser komplexen Ereignisse ist Kohlenstoff zum Hauptbestandteil unserer Biologie geworden. Es ist unmöglich zu sagen, dass dies ohne ein Projekt geschehen ist. Der gesamte Kohlenstoff, der auf der Erde und auf anderen Planeten vorhanden ist, wurde während des Entstehungsprozesses des Universums in den Sternen erzeugt.

Der Prozess, der uns dazu brachte, hier zu sein, die Natur mit unseren Händen und unseren Augen zu sehen, zu berühren und zu formen, begann mit demselben Ursprung wie das Universum.

Nach dem Urknall war das erste Element, das auftauchte, Wasserstoff, der mit einem einzelnen Proton ausgestattet war. Nur 200 Sekunden nach dem Urknall begann sich aus der Fusion von Wasserstoffatompaaren Helium zu bilden, das zwei Protonen aufweist, und aus der Fusion von drei Wasserstoffatomen entstand Lithium, das drei Protonen aufweist.

In Fortsetzung dieses Prozesses entstand aus der Fusion zweier Heliumatome mit zwei Protonen Beryllium mit vier Protonen.

Anschließend verschmolzen die Berylliumatome mit den Heliumatomen. Diese Fusion führte zur Entstehung des Kohlenstoffatoms mit sechs Protonen. Diese Kohlenstoffatome waren jedoch instabil. Unmittelbar nach ihrer Bildung zerfielen diese Atome und bildeten erneut drei Heliumatome.

Zukünftig war es jedoch erforderlich, stabile Kohlenstoffatome zu haben, um Leben zu erzeugen. Insbesondere ein Planet, die Erde, brauchte stabilen Kohlenstoff. Die Erde wurde noch nicht geboren. In der Zukunft der Erde gab es jedoch bereits stabilen Kohlenstoff.

Unglaublicherweise wurde ein Prozess in den Sternen entwickelt, um die Kohlenstoffatome zu stabilisieren. Dies geschah, als Wasserstoff in den Sternen knapp war und die Temperatur auf etwa 100 Millionen Kelvin anstieg. Diese Bedingungen erzeugten stabilen Kohlenstoff.

Die Bildung von stabilem Kohlenstoff findet noch heute im Kosmos statt. Es muss aber noch eine andere Bedingung eintreten: Der Kohlenstoff muss die Umgebung der Sterne verlassen, in der er geboren wurde, um unter für das Leben günstigeren Temperaturbedingungen, dh den Planeten, in die Himmelskörper einzudringen.

Nun, ein Mechanismus der Vorsehung löst dieses Problem. Wenn ein Stern am Ende seines Lebenszyklus zu einer Supernova wird, explodiert er und schüttet riesige Mengen von Materie, einschließlich Kohlenstoff, in das Universum.

Es dauerte mindestens zehn Milliarden Jahre, bis dieser gesamte Prozess zum ersten Mal nach der Geburt des Universums abgeschlossen war. Dies bedeutet, dass das derzeitige Alter des Universums, etwa dreizehneinhalb Milliarden Jahre, am besten geeignet ist um sicherzustellen, dass sich kohlenstoffbasierte biologische Lebensformen auf dem Planeten Erde und wahrscheinlich auch auf anderen Planeten entwickeln können.

Letztendlich müssen wir erkennen, dass das Universum eine sehr empfindliche Struktur ist, in die eine andere ebenso empfindliche Struktur eingefügt ist, nämlich der Planet Erde.

Das Universum und die Erde wurden aus Milliarden von Kombinationen geboren, die möglich gewesen wären. Da aber nur eine Bedingung erfüllt ist, sind wir hier. Wir haben die Lotterie des Lebens gewonnen. Es war genau die einzige Kombination, die unsere Existenz ermöglichen konnte.

Diese Aussage wurde von bedeutenden Wissenschaftlern befürwortet und ist die Grundlage für eine Interpretation des Lebens im Kosmos, die als "anthropisches Prinzip" bezeichnet wird (Anthropic principle).

Nach Ansicht der Urheber des anthropischen Prinzips können wir eine scheinbar banale Aussage treffen. Wir existieren und wir sind hier, um das Universum genau zu beobachten, weil das Universum diese besonderen Eigenschaften hat.

Aber es ist nicht genug, es gibt noch viel mehr. Einige sagen, dass das Universum auf diese Weise geschaffen wurde, weil "eine Intelligenz" wollte, dass wir hier sind: Das heißt, der Mensch ist kein zufälliges Produkt, sondern das anfängliche und endgültige Ziel. Der Mensch ist ein gewünschtes Ziel. Der Wille, nach dem der Mensch existieren muss, hat die Erschaffung unseres Universums in der richtigen Konformation gewollt und hervorgebracht, um es zu beherbergen.

Das anthropische Prinzip

Für das, was im vorigen Kapitel gesagt wurde, wäre die Wahrscheinlichkeit, die zur Geburt des Lebens führte, wenn sie zufällig eintrifft, 1 auf einer Zahl, gefolgt von einer solchen Menge von Nullen, die schwer vollständig zu schreiben sind.

Dennoch wird der Mensch in der vom Determinismus dominierten traditionellen Wissenschaft als zufälliges zoologisches Experiment betrachtet, als sekundäres Produkt der Evolution.

Ausgehend von dieser Annahme hat die Schöpfung keinen Zweck. Folglich ist der Mensch ein Aggregat von Materie, das keinen Zweck impliziert. Auch das menschliche Gewissen gilt als Produkt bestimmter molekularer Anordnungen, die sich über Jahrmillionen durch zufällige Mutationen und durch die Auswahl der Umwelt gebildet haben.

Nach der deterministischen Interpretation sind Elemente wie Bewusstsein, Denken, Intuitionen und Wünsche Abfallprodukte der chemischen Verarbeitung des Gehirns. Alle diese spirituellen Bewegungen stimmen nicht mit der Realität überein, tatsächlich werden sie in den zerebralen Windungen geboren und sterben. Positivistischer Determinismus besagt, dass all diese Dinge Träume, Illusionen, Epiphänomene sind, die die Funktionsweise der Maschine stören. Der Mensch ist eine Maschine und jeder weiß, dass Maschinen nicht träumen und keine Wünsche haben. Es wird jedoch anerkannt, dass der Mensch die Fähigkeit hat, sich selbst zu täuschen.

Offensichtlich widerspricht dies den Ausführungen im vorigen Kapitel. Warum sollte das Universum nur zum Zweck der Geburt des Menschen geformt worden sein, wenn dieses Wesen nur ein Mineral ist, das sich bewegen kann?

Es ist klar, dass die außergewöhnliche Konsistenz der Grundkonstanten und der physikalischen Bedingungen des Planeten nicht als zufällig angesehen werden kann. Der Kosmos basiert auf Ordnung. Es ist wahr, dass sie in der Schöpfung sehr unterschiedliche Ordnungen und Beziehungen hätten bilden können, die die Entwicklung eines Lebens wie unseres nicht erlauben würden. Wahrscheinlich passiert dies in anderen Universen.

Unabhängig davon, welche Reihenfolge in einem Universum festgelegt ist, muss es auf Kriterien basieren, die die Existenz dieses Universums ermöglichen. Die Menge der Beziehungen muss notwendigerweise so angeordnet werden, dass alles funktionieren kann und sich das System nicht selbst zerstört.

Unabhängig von der Anwesenheit des Menschen sollte daher jedes Universum in seiner Ordnung das Ergebnis eines nicht zufälligen Prozesses sein. Sogar ein lebloses Universum würde ein Projekt brauchen.

In unserem Universum wollte die schöpferische Ordnung jedoch, dass alle auf dem Spiel stehenden Kräfte so sind, dass sie die Entwicklung unseres Lebens ermöglichen.

Diese Beweise haben es vielen Wissenschaftlern ermöglicht, das "anthropische Prinzip" zu hypothetisieren und zu unterstützen.

Wenn Sie sich fragen, was die Menschen über das anthropische Prinzip denken, werden nur sehr wenige in der Lage sein, sie zu beantworten. Einige werden Schwierigkeiten haben, viel einfachere Fragen zu beantworten, wie "Was ist Schwerkraft?"

Die Schwerkraft und alle Naturgesetze sind natürliche Normen, die funktionieren, auch wenn wir nicht wissen, wie sie es tun. Zum Beispiel weiß fast niemand, wie unsere Atmung funktioniert, aber wir atmen für alle Momente unseres Lebens. Sehr selten kümmern wir uns darum, wie es geht, es sei denn, wir sind Medizinstudenten.

Das anthropische Prinzip ist vom gleichen Typ. Wenn es das nicht gäbe, würden wir ohne Sorgen genauso gut leben.

Die Tatsache, dass das anthropische Prinzip existiert, hat eine völlig philosophische Bedeutung, wie die Existenz Gottes oder die Tatsache, dass sich die Erde um sich selbst dreht.

Ob wir es glauben oder nicht, es sind Dinge, die sowieso passieren. Vielleicht interessiert uns das deshalb überhaupt nicht. Wir glauben jedoch, dass diese Dinge unser Leben nicht verändern.

In der Tat wäre es nicht absolut so, denn wenn sich die Erde nicht auf sich selbst dreht, würden sich viele Dinge in unserer physischen Existenz ändern. In ähnlicher Weise würden sich viele Dinge auf der spirituellen Ebene und im Endergebnis unserer Existenz ändern, wenn es Gott nicht gäbe.

Was viele antreibt, die großen wissenschaftlichen, philosophischen und spirituellen Themen zu untersuchen, ist eine bestimmte Flamme, die bei manchen stärker brennt als bei anderen.

Diese Flamme ist die Neugierde, das Verlangen zu wissen, der Ehrgeiz, die Mechanik der Zahnräder zu entdecken, um die Funktionsweise dessen, was uns umgibt, unter und über dem Himmel zu unserem Vorteil zu verändern.

Ob wir für das Universum leben oder dass wir im Universum leben oder dass das Universum für uns lebt, ändert wenig in unserem täglichen Leben und ist genug, um das Thema für viele völlig irrelevant zu machen.

Aber viele andere, wie Sie, die dieses Buch lesen, möchten nachforschen und wissen, denn Wissen war schon immer der Ursprung der menschlichen Evolution. Ohne die Entwicklung von Wissen wären wir immer noch hier, um rohe Eidechsen zu essen, nachdem wir sie durch Werfen von Steinen gefangen hatten.

Das anthropische Prinzip ist eine Theorie, die noch nicht bestätigt wurde (es wäre sehr schwierig, dies zu tun). Diese Theorie betrifft jedoch viele der aufgeklärtesten Wissenschaftler.

Geburt und Entwicklung des anthropischen Prinzips

Der Physiker und Mathematiker Paul Dirac, der 1933 den Nobelpreis für Physik erhielt, ist einer der Begründer der Quantenmechanik. Er wurde 1902 in Bristol im Vereinigten Königreich geboren. Dirac bemerkte als erster das Vorhandensein seltsamer Affinitäten zwischen sehr unterschiedlichen physikalischen Größen.

Tatsächlich berechnete Dirac in den 1930er Jahren eine merkwürdige Gleichheit. Die Quadratwurzel der geschätzten Anzahl der im Universum vorhandenen Teilchen entspricht dem Verhältnis zwischen der elektromagnetischen Kraft und der Gravitationskraft, die zwischen zwei Protonen besteht.

Dirac zog die Schlussfolgerung, dass diese Beziehung nicht konstant ist, sondern sich in kosmologischen Zeiten ändert.

In den späten 1950er Jahren bestätigte Robert Dicke, ein weiterer US-amerikanischer Experimentalphysiker, den überraschenden Zufall von Dirac. Dicke stellte fest, dass die Gleichheit der beiden Werte in der ersten Phase der Entwicklung der Sterne deutlicher wurde. Zu dieser Zeit gab es eine besondere Menge an Kohlenstoff, der der Grundbestandteil lebender Organismen ist.

Daher wurde der von Dirac festgestellte Zufall zweifellos mit den evolutionären Prozessen in Verbindung gebracht, die für das Auftreten lebender Formen auf der Grundlage der Kohlenstoffchemie verantwortlich sind. 1957 drückte Dicke seine Gedanken mit folgenden Worten aus:

> "Das gegenwärtige Alter des Universums ist nicht zufällig, sondern wird durch biologische Faktoren bestimmt. Eine Änderung der Werte der fundamentalen Konstanten der Physik würde den Menschen daran hindern, hier zu sein, um sie zu messen. "

In der Tat war dies die erste Aussage des schwachen anthropischen Prinzips. Es war eine unbewusste Aussage, weil das anthropische Prinzip noch nicht bekannt war. Daher wurde Dickes Bemerkung mit Gleichgültigkeit aufgenommen. Seine Idee unterlag keinen ungünstigen

Vorurteilen. Die Vorurteile wurden jedoch mit Fülle geboren, als das anthropische Prinzip ausgearbeitet und veröffentlicht wurde, dh als das Prinzip in all seinen Implikationen verstanden wurde.

Die Theorie wurde erstmals 1973 offiziell vom australischen Physiker Brandon Carter formuliert (Abbildung 17). Die erste Version der Theorie entwickelte sich zu verschiedenen Interpretationen: dem "schwachen Prinzip" (weak anthropic principle), dem "starken Prinzip" (strong anthropic principle), dem "ultimativen Prinzip" (final anthropic principle) und dem "partizipativen Prinzip"(anthropic participatory principle).

In dem schwachen Prinzip ist die Theorie von einer entwaffnenden Offensichtlichkeit, folglich bestreiten es nur wenige. Diese Version besagt, dass das Universum, in dem wir leben, tatsächlich das Leben erlaubt, wie wir es kennen. Diese Aussage beruht auf einer profunden Kenntnis der Naturgesetze. Diese Gesetze legen fest, dass das Leben dank unzähliger glücklicher Zufälle erlaubt ist, die alle unverzichtbar sind. Wenn ein Zufall nicht wahr oder anders wäre, gäbe es kein Leben.

Die Darstellung des schwachen Prinzips enthält diese Aussage:

"Die Werte aller physikalischen und kosmologischen Größen sind nicht gleich wahrscheinlich. Die Werte dieser Konstanten entsprechen der Bedingung, dass Orte existieren müssen, in denen sich Leben auf Kohlenstoffbasis entwickeln kann. Darüber hinaus entsprechen diese Werte der Bedingung, dass das Universum alt genug ist, um kohlenstoffbasierte Lebensformen hervorzubringen. "

Später theoretisierte Brandon Carter das starke anthropische Prinzip. 1986 analysierten John Barrow und Frank Tipler in ihrem Buch "*The Anthropic Cosmological Principle*" das Prinzip nach der "starken" Version. In dem starken Prinzip heißt es, dass das Universum die Eigenschaften besitzen muss, die es dem Leben ermöglichen, sich in ihm zu entwickeln.

Dieses "*Muss*" verschiebt den Fokus von rein wissenschaftlich zu philosophisch oder metaphysisch. Tatsächlich setzt das Verb "muss" die Existenz einer Entität voraus, die ihren Willen bei der Erschaffung des Universums ausdrückt und ausübt. Diese Aussage ist für die positivistische Wissenschaft sehr unverdaulich.

Die starke Formulierung des anthropischen Prinzips beschreibt jedoch eine neue Beziehung zwischen dem Universum und dem Menschen. Eine alte Würde, die weggenommen wurde, wird zurückgewonnen und dem Mann zurückgegeben. Das starke anthropische Prinzip entfernt den Menschen zusammen mit seinem Planeten aus der Randposition, in die er verbannt wurde. Natürlich kehrt die Erde niemals zum Zentrum des Universums zurück. Die zentrale Position nimmt der Mensch ein, um den und für den das Universum existiert.

Das starke anthropische Prinzip hat den doppelten Verdienst, das Prestige des Menschen wiederherzustellen und die Wissenschaft mit neuem Adel "zu erleuchten" und sie aus dem mechanistischen Grau der Aufklärung zu entfernen. (Wenn wir die Bedeutung von Wörtern sagen!).

Barrow und Tipler wurden heftig kritisiert, weil sie in ihrem Buch nach den von Carter theoretisierten zwei Prinzipien eine dritte Art von anthropischem Prinzip vorschlagen. Die Autoren schlagen das "ultimative anthropische Prinzip" vor. Mit dieser weiteren Theorie wollen sie die unglaublichen Zufälle, die die Existenz unseres Universums und des intelligenten Lebens ermöglichen, besser erklären.

Im "letzten Prinzip" gehen Barrow und Tipler von dem Postulat aus, dass bei infinitesimalen Variationen der Werte der fundamentalen kosmologischen Konstanten die Existenz des Universums, wie wir es kennen, verloren gehen würde. In Anbetracht dessen kommen sie zu dem Schluss, dass wir die aktuelle Struktur des Universums nicht untersuchen können, ohne unsere physischen Bedürfnisse zu berücksichtigen. Die Aussage des letzten anthropischen Prinzips besagt:

> "Intelligente Informationsverarbeitung im Universum muss sich unbedingt entwickeln. Diese Intelligenz, einmal erschienen, wird niemals aussterben ".

Zunächst äußerte der berühmte Astrophysiker Stephen Hawking Zweifel. Er erklärte, dass die Existenz anderer Galaxien und die Homogenität des Universums in großem Maßstab im Gegensatz zum starken anthropischen Prinzip stehen könnten.

Später jedoch, als er sich der Entwicklung der Theorie M widmete, änderte Haking seine Meinung und wurde ein starker Befürworter des anthropischen Prinzips. Er fügte in viele seiner Gleichungen eine Variable ein, die sich auf diese Theorie bezog.

Schließlich schlug ein anderer berühmter amerikanischer Physiker, John Archibald Wheeler, die Theorie des "partizipativen anthropischen Prinzips" vor. Dies ist eine alternative Version des starken anthropischen Prinzips. Wheeler beschreibt seinen Gedanken so:

"Das Universum muss so beschaffen sein, dass in einem bestimmten Stadium seiner Existenz Beobachter darin entstehen können. Beobachter sind für die Existenz des Universums notwendig, weil sie für die Kenntnis ihres Universums notwendig sind. So nehmen die Beobachter eines Universums aktiv an der Existenz des Universums teil, das sie beobachten ".

Das Partizipationsprinzip ist eine Variante des starken Prinzips. Dieses Prinzip kehrt die Argumentation um und argumentiert, dass das Universum existiert, weil wir existieren.

Der amerikanische Astronom Hubert Reeves beschreibt das anthropische Prinzip wie folgt:

"Das anthropische Prinzip kann mehr oder weniger folgendermaßen formuliert werden:

Da es einen Beobachter gibt, hat das Universum die Eigenschaften, die notwendig sind, um es zu erzeugen.

Die Kosmologie muss die Existenz des Kosmologen berücksichtigen. Diese Fragen wären in einem Universum ohne diese Eigenschaften nicht gestellt worden ".

"The Melancholy of Haruhi Suzumiya" ist eine Reihe von Kurzgeschichten, die von Nagaru Tanigawa geschrieben und von Noizi Itō illustriert wurden. Im Jahr 2003 wurde es eine Reihe von Filmen auf der ganzen Welt ausgestrahlt. In dieser japanischen Reihe wird das Konzept des anthropischen Prinzips wie folgt beschrieben:

"Nach dieser Theorie beobachten wir das Universum, und aus diesem Grund existiert das Universum.

Die Menschheit, das einzige intelligente Leben auf unserem Planeten, hat die Gesetze der Physik und ihre Konstanten entdeckt und konnte beschreiben, wie das Universum aufgebaut ist. Auf diese Weise fällt das Bewusstsein für die Existenz der Schöpfung und deren Beobachtung zusammen. "

Alle jüngsten Zitate beziehen sich auf ein Konzept, das im Moment verwirrend erscheinen mag, nämlich das des "Beobachters". Die Rolle des Beobachters ist im Kontext der Quantenphysik festgelegt und von entscheidender

Bedeutung. Ich werde in den nächsten Kapiteln ausführlich darauf eingehen.

Ist der Mensch wirklich im Zentrum des Universums?

Alle Wissenschaft, von Kepler an, hat die Ambitionen derer, die die Erde in den Mittelpunkt des Universums gestellt haben, drastisch reduziert.

Das anthropische Prinzip ersetzt die Zentralität der Erde durch die des Menschen. Alle Schöpfung existiert als eine Funktion der Entwicklung des Lebens, insbesondere des intelligenten Lebens.

Es fällt uns allen leicht, "intelligentes Leben" mit "Mensch" zu identifizieren. Wenn wir über "den Menschen" sprechen, meinen wir "den Bewohner des Planeten Erde".

Im Laufe der Jahrhunderte hat unser Ehrgeiz unzählige Einbußen erfahren. Trotzdem geben wir die zentrale Rolle nicht auf. Wir stellen uns vor, dass diese Rolle für ein hypothetisches übergeordnetes Recht unsere ist. Da wir unseren Planeten nicht in den Mittelpunkt des Universums stellen können, besetzen wir diesen Ort selbst.

Leider ist dieser Versuch auch dazu bestimmt, gekränkt zu werden. Der Versuch wäre sicherlich legitim, wenn wir alleine im Universum leben würden. Stattdessen arbeitet in den letzten Jahrzehnten eine neue Wissenschaft hart daran, unsere Hoffnungen auf eine universelle Vormachtstellung zu enttäuschen.

Diese Wissenschaft nennt man Exobiologie.

Die Exobiologie ist ein Gebiet der Biologie, das die Möglichkeit des außerirdischen Lebens und die Natur dieses Lebens untersucht. Die Exobiologie ist derzeit ein spekulativer Bereich, für die meisten Wissenschaftler jedoch ein gültiges Gebiet der wissenschaftlichen Erforschung.

Computersimulationen wurden durchgeführt, um die Existenz von Lebensprozessen in Umgebungen außerhalb der Erde zu untersuchen. Diese Simulationen haben das mögliche Vorhandensein von ähnlichen Lebensformen oder sogar Alternativen gezeigt. Beispielsweise kann es Lebensformen geben, die auf Silizium anstatt auf Kohlenstoff basieren.

Im letzten Jahrhundert tauschten die meisten Wissenschaftler ein ironisches Kichern aus, als sie von Außerirdischen hörten.

Diese Zeiten sind weit weg. Derzeit gibt es Forschungsprojekte zum intelligenten Leben im Weltraum. Es handelt sich um Projekte, die mit Millionen von Dollar aus verschiedenen Staaten und Organisationen finanziert werden. Wir können zuerst das astronomische Radiohörprojekt SETI zitieren, das 1960 experimentell begonnen wurde.

SETI (*Search for Extra-Terrestrial Intelligence*) wurde 1974 in Mountain View, Kalifornien, offiziell gestartet. Dies ist ein Programm, das der Suche nach außerirdischem intelligentem Leben gewidmet ist. SETI kümmert sich um das Abhören und Senden von Radiosignalen an andere Zivilisationen.

In den 1960er Jahren wurde eine Methode entwickelt, um die Möglichkeit der Existenz von Planeten zu messen, auf denen andere Zivilisationen leben. Dies ist die

"*Drake-Gleichung*". Die Methode ist nach ihrem Erfinder Frank Drake, einem amerikanischen Radioastronomen, benannt.

Die Drake-Gleichung, die oft auch als "*Green Bank formula*" bezeichnet wird, wurde 1961 formuliert. Sie repräsentiert den Versuch, die Anzahl der außerirdischen Zivilisationen zu schätzen, die in unserer Galaxie, der Milchstraße, existieren.

Leider sind die Ergebnisse aufgrund des Fehlens eines Bezugspunkts ungewiss. Der einzige nützliche Hinweis ist die Existenz des Lebens auf der Erde. Das ist aber schon ein guter Ausgangspunkt. Warum sollte das Leben nur auf einem Planeten unter Milliarden existieren?

Nach dieser Formel könnten Tausende außerirdische Zivilisationen mit uns kommunizieren, wenn sie nur die Milchstraße in Betracht ziehen.

Die Formel der Drake-Gleichung lautet wie folgt:

$$N = R * Fp * Ne * Fl * Fi * L$$

wo:

N ist das Endergebnis, also die Anzahl der außerirdischen Zivilisationen, die heute in unserer Galaxie vorhanden sind.

R ist die durchschnittliche Jahresrate, mit der sich in der Milchstraße neue Sterne bilden.

Fp ist der Prozentsatz der Sterne, die möglicherweise Planeten haben. Es zeigt an, wie viele Planeten unter denen, die sich um eine Sonne drehen, in der Lage wären, Lebensformen aufzunehmen.

Fl ist der Prozentsatz der Planeten vom Typ Ne, auf denen sich das Leben tatsächlich entwickelt hat.

Fi ist der Prozentsatz der Planeten F1, auf denen sich intelligente Wesen entwickelt hätten.

Fc ist der Prozentsatz der außerirdischen Zivilisationen, die kommunizieren können.

L ist die Vorhersage der Lebensspanne fortgeschrittener Zivilisationen, bevor sie aussterben.

Seit 1961 haben sich viele Werte günstig verändert. Der Kepler-Satellit hat nach neunjähriger Erforschung in unserer Umgebung etwa 2600 wahrscheinlich bewohnbare Planeten entdeckt. Dies ist ein viel höherer Prozentsatz als in der Formel angegeben.

Kürzlich haben italienische Forscher die Existenz von Wasser auf dem Mars bestätigt. Diese Entdeckung erhöht den Optimismus über die Möglichkeit des Lebens in der Vergangenheit oder Zukunft auf scheinbar unbewohnten Planeten.

Der Italiener Claudio Maccone, ein italienischer SETI-Astronom, Weltraumwissenschaftler und Mathematiker, wurde 2002 mit dem "Giordano Bruno Award" ausgezeichnet.

Maccone hat die Werte in der Drake-Formel gemäß den kürzlich von SETI akzeptierten Parametern aktualisiert. Auf diese Weise konnte eine genauere Abschätzung der potentiellen außerirdischen Zivilisationen formuliert werden. Claudio Maccone hat festgestellt, dass die hypothetische Zahl zwischen 0 und 15.785 liegt, mit einem ungefähren Durchschnitt von 4.590.

Es besteht eine Wahrscheinlichkeit von 75%, dass sich diese Zivilisationen in einer Entfernung zwischen 1.361 und 3.979 Lichtjahren befinden.

Dies ist jedoch eine enorme Distanz, die jede Kommunikationsmöglichkeit auszuschließen scheint.

Intelligenzen, die zusammenarbeiten

Die wissenschaftliche Forschung hat uns an unglaubliche Fortschritte und an Science-Fiction-Hypothesen gewöhnt. Oft werden diese Hypothesen in wenigen Jahrzehnten oder sogar in wenigen Jahren zur alltäglichen Realität.

Die Quantenphysik hat mit Verschränkungsexperimenten gezeigt, dass Elementarteilchen ohne zeitliche und räumliche Einschränkungen kommunizieren können.

Die Hypothese von "Schwarzen Löchern" und "Stringtheorie" (Black holes, String theory) sind praktisch noch jungfräuliche Forschungsgebiete. Von hier aus könnten sich epochale Revolutionen in der Entwicklung der Kommunikation und in der Möglichkeit der Durchquerung von Wurmlöchern (wormholes) ergeben.

Durch Wurmlöcher kann die Lichtgeschwindigkeit unter Ausnutzung der Raumkrümmung überwunden werden. Die Relativitätsgesetze ermöglichen auch Zeitreisen.

Wir können davon ausgehen, dass unsere Nachkommen innerhalb von zwei oder drei Generationen andere Zivilisationen kennenlernen werden. Das kann natürlich nur passieren, wenn der Mann sich nicht selbst zerstört, bevor es passiert.

Was wird passieren, wenn wir andere Zivilisationen treffen? Niemand weiß es.

Die Menschheit besteht zweifellos aus Forschern und Pionieren, seit der Homo Sapiens in die Gebiete der Neandertaler eingedrungen ist. Diese Neigung wurde bestätigt, als die Seefahrer auf winzigen Booten über die Gewässer unbekannter Ozeane fuhren.

Der erklärte Zweck der Erkundungen war der Wunsch, die Zivilisation oder das Evangelium zu exportieren. Leider gab es auch einen nicht erklärten Grund. Dieser Zweck führte unweigerlich zu Raubüberfällen und Ausbeutung. Alle Explorationen wurden in Wirklichkeit finanziert, um wirtschaftliche Vorteile zu erzielen.

Glücklicherweise ermöglichten es Zeit und Revolutionen, die ausgebeuteten Bevölkerungsgruppen in unabhängige Gemeinschaften zu verwandeln.

Es gibt Gebiete, die ursprünglich von den europäischen Mächten ausgebeutet wurden. Wir können ganze Kontinente wie Nordamerika oder Indien zitieren. Heute sind dies unabhängige Nationen. Ihre Bevölkerungen gelten nicht mehr als minderwertig, weil sie zur Entwicklung einer zunehmend auf Fortschritt ausgerichteten Zivilisation beitragen. Die heutige Zivilisation ist von Werten der Freundschaft und Brüderlichkeit inspiriert, auch wenn dies oftmals Nennwerte sind.

Mit welchem Geist wird der Erdmensch sich anderen außerirdischen Zivilisationen nähern? Wird er es mit dem Geist des Raubes tun, der ihm immer sympathisch war? Und wie werden diese Zivilisationen, von denen viele sicherlich weiter fortgeschritten sein werden, auf uns zukommen?

Wir können eine Prognose abgeben. In den Jahrhunderten der geografischen Entdeckungen bestand das Ziel darin, nach Gold, Silber und anderen wertvollen Materialien zu suchen. Heute ist das Gute, das sowohl außerirdische Zivilisationen als auch unsere Zivilisation betreffen kann, ein anderes: Wissen.

Wissen ist ein Rohstoff, für dessen Transport keine riesigen Raumschiffe benötigt werden. Darüber hinaus gehört Wissen nicht einem einzelnen Menschen, sondern ganzen Systemen, die zusammenarbeiten, um es zu pflegen und zu erweitern. Infolgedessen kann Wissen nicht durch Gewalt gegen Einzelpersonen erpresst werden.

Der Wissensaustausch erfordert eine freiwillige und bewusste Zusammenarbeit. Dies ist die Art der Zusammenarbeit, die wahrscheinlich mit außerirdischen Zivilisationen zustande kommen wird.

Sicherlich wird es nicht mehr passieren, dass auf einer Weltraumreise jemand auf dem Planeten X landet und den Bewohnern Spiegel und Halsketten schenkt. Natürlich würden nicht einmal wir solche glänzenden Waren akzeptieren, wenn ein Außerirdischer in einer unserer Städte landen würde.

Angesichts der immensen Entfernungen kann ein künftiger Austausch wahrscheinlich nur in symbolischer Form, durch Gedankenübertragung oder mit Hilfe neuer Technologien, die alle entwickelt werden müssen, stattfinden.

Es ist offensichtlich, dass die unterschiedliche Größe der Planeten, die unterschiedliche Konformation der Atmosphäre und die unterschiedlichen Bedingungen von Druck, Schwerkraft, Hitze, circadianen und jahreszeitlichen Zyklen das physische Leben anderer Arten auf der Erdoberfläche unmöglich machen. Auch wir hätten Schwierigkeiten, uns an das Leben auf anderen Planeten anzupassen. Wir werden uns bewusst, welche ernsthaften physischen Probleme die Astronauten mit sich bringen, wenn sie in unserem Sonnensystem sehr kurze Strecken zurücklegen.

Ein Zyklus der physischen Anpassung an die Bedingungen auf anderen Planeten kann nur über Hunderte oder Tausende von Generationen hinweg stattfinden. Zu diesem Zeitpunkt wäre es nicht mehr möglich, zwischen "uns" und "ihnen" zu unterscheiden.

Stattdessen können wissenschaftliche Informationen reibungslos von einem Planeten zum anderen gelangen.

Letztendlich ist es wahrscheinlich, dass der Mensch, wenn Kontakte zu anderen Zivilisationen geknüpft werden, seinen geselligen Charakter über die Ambitionen von Unterdrückung und Raub setzen wird.

Darüber hinaus neigt der Mensch dazu, gesellig zu sein. Wir leben die Geselligkeit so ausgiebig, dass wir es kaum mehr bemerken. Wir gründen Familien, organisieren Arbeitsgruppen, Komitees, Räte und Versammlungen, geben uns Vorschriften für unsere Eigentumswohnungen, schaffen Gesetze in Städten und Nationen. Völker und supranationale Institutionen arbeiten bei der Erforschung von Krankheiten, bei der Entwicklung neuer Technologien und bei der Verbreitung von Werten der Zivilisation als Schutz der Schwächsten zusammen.

Wenn wir mit fremden Zivilisationen in Kontakt kommen, helfen uns diese Zivilisationen vielleicht, indem sie uns Brüderlichkeit und kosmische Zusammenarbeit lehren.

An diesem Punkt wird die Schwierigkeit gelöst, die sich aus dem anthropischen Prinzip ergibt. Wurde das Universum geboren, um nur das Leben des Menschen auf der Erde zu fördern?

Wir werden wahrscheinlich verstehen, dass das Universum geboren wurde, um jede Intelligenz zu begünstigen, wo immer sie ist. Die Bewohner der Erde und eine unberechenbare Anzahl anderer Planeten werden Formen der Zusammenarbeit entwickeln, die den zivilen Fortschritt zu Zielen führen, die derzeit undenkbar sind.

Wir können nicht anders, als darin das Projekt eines kosmischen Geistes zu sehen. Dieses Projekt entwickelt sich durch Synchronizitätsprozesse, die auf ein ganz bestimmtes Ziel abzielen: den Triumph der Intelligenz. Die triumphale Intelligenz wird endlich den Verstand verstehen können, der dieses Projekt gewollt und organisiert hat.

Synchronizität ist ein Prozess, der sich auf den Einzelnen auswirken kann. Synchronizitäten, durch seltsame Zufälle, Träume, scheinbar unzusammenhängende Ereignisse, leiten uns zu einem Prozess der psychischen Verbesserung.

Synchronizitäten können aber auch Gruppen, Gemeinschaften, Völker betreffen. Sie haben ganze Zivilisationen interessiert. Zum Beispiel spricht Joseph Cambray von einer Synchronizität, die in wenigen Jahren die griechische Demokratie aus dem Nichts erblühen ließ.

Eine Synchronizität betrifft die gesamte Menschheit, die seit Millionen von Jahren im brachialen Zustand der Steinzeit lebt.

In den letzten zehntausend Jahren ist die Geschichte der Menschheit plötzlich buchstäblich explodiert. Wir sind von der Steinzeit in das Zeitalter der Raumfahrt gewechselt.

Eine weitere Synchronizität besteht darin, dass alle Zivilisationen des Universums einander kennen und verstehen lernen und Wissen miteinander austauschen. Am Ende dieses synchronen Prozesses werden alle intelligenten Wesen von bloßen Sterblichen zu neuen Göttern umgewandelt.

Creatio ab nihilo

"Alle Materie entsteht und existiert nur durch eine Kraft, die die Teilchen eines Atoms zum Schwingen bringt und das winzige Sonnensystem des Atoms zusammenhält.
Wir müssen die Existenz eines Geistes annehmen bewusst und intelligent hinter dieser Kraft.
Dieser Geist ist die Matrix aller Materie. "

(Max Planck, deutscher Physiker, 1858-1947)

Welche Beweise haben wir für die Intelligenz der "Kosmischen Matrix"?

"*Ex nihilo nihil fit*" ist eine Ausdrucksweise der lateinischen Sprache, die übersetzt werden kann als "Aus nichts kommt nichts". Der lateinische Dichter und Philosoph Lucretius drückte dieses Prinzip im ersten Buch der "*De rerum natura*" (I, 149-150) aus:

"Wir können damit anfangen zu sagen, dass durch den göttlichen Willen niemals etwas aus dem Nichts hervorgeht."

Lucretius war ein Anhänger der atomistischen Philosophie des Demokrit. Demokrit behauptete, dass Materie in Form von Atomen ewig ist. Sogar der französische Chemiker und Biologe Antoine-Laurent de Lavoisier, der einige Jahrhunderte später lebte, hielt an einem ähnlichen Konzept fest:

"Nichts wird geschaffen und nichts wird zerstört, aber alles wird transformiert".

Diese Aussage stützte das Gesetz der Erhaltung der Masse. Anschließend traf Einsteins Bestätigung ein, ausgedrückt in der berühmtesten Formel unserer Zeit: $E = mc^2$.

Mit dieser Formel wird bestätigt, dass die Masse in Energie umgewandelt werden kann und umgekehrt. Das

Prinzip, dass die Summe von Energie und Masse im Universum konstant ist, bleibt gültig.

Abbildung 15 schlägt eine "kosmische Matrix" vor, in der eine unendliche Anzahl von Universen erzeugt wird. Diese Matrix kann unendlich sein, weil sie die gleichen Eigenschaften hat wie der Gedanke. Die Kosmische Matrix könnte eine unendliche Anzahl von Universen beherbergen. Wir ignorieren die Existenz dieser Universen und werden sie wahrscheinlich für die Ewigkeit der Zeit ignorieren. Natürlich ist die Zeit auch unsere Konvention.

Ich habe diese Matrix "Universal Mind" genannt, einen neutralen Namen, den jeder nach seiner Kultur und seinem Glauben frei in andere philosophische oder theologische Konzepte übertragen kann.

Die Frage, die wir uns jetzt stellen, ist, ob sich dieser universelle Verstand darauf beschränkt, zufällige, inkonsistente und bedeutungslose Gedanken zu erzeugen, oder ob seine Gedanken stattdessen ordentlich und kohärent, dh intelligent sind.

Basierend auf den Eigenschaften eines "Geistes", wie wir es verstehen, existieren beide Möglichkeiten gleichzeitig.

Zum Beispiel kann unser Verstand im Laufe der Zeit auch ein Projekt entwickeln, das unseren Absichten und unserer Kreativität entspricht.

Aber unser Verstand kann sich auf die gleiche Weise in Vorschlägen, Vorstellungen, Lichtblitzen, die aufleuchten und sofort verschwinden, bedeutungslosen Überlegungen und Schlussfolgerungen zu Themen verlieren, die schnell und schwer zu fassen sind.

Dies gilt mit Sicherheit für Träume, in denen der Geist frei von der Konditionierung der Realität ist und ziellos durch die surrealen Gebiete wandern kann. Diese Fluchten in der Irrationalität geschehen und beziehen uns ein, obwohl wir intelligente Wesen sind.

Die meisten Gehirnentwicklungen unseres Geistes sind jedoch der Planung und Durchführung kohärenter Projekte gewidmet.

Ist der universelle Verstand in diesem Sinne intelligent?

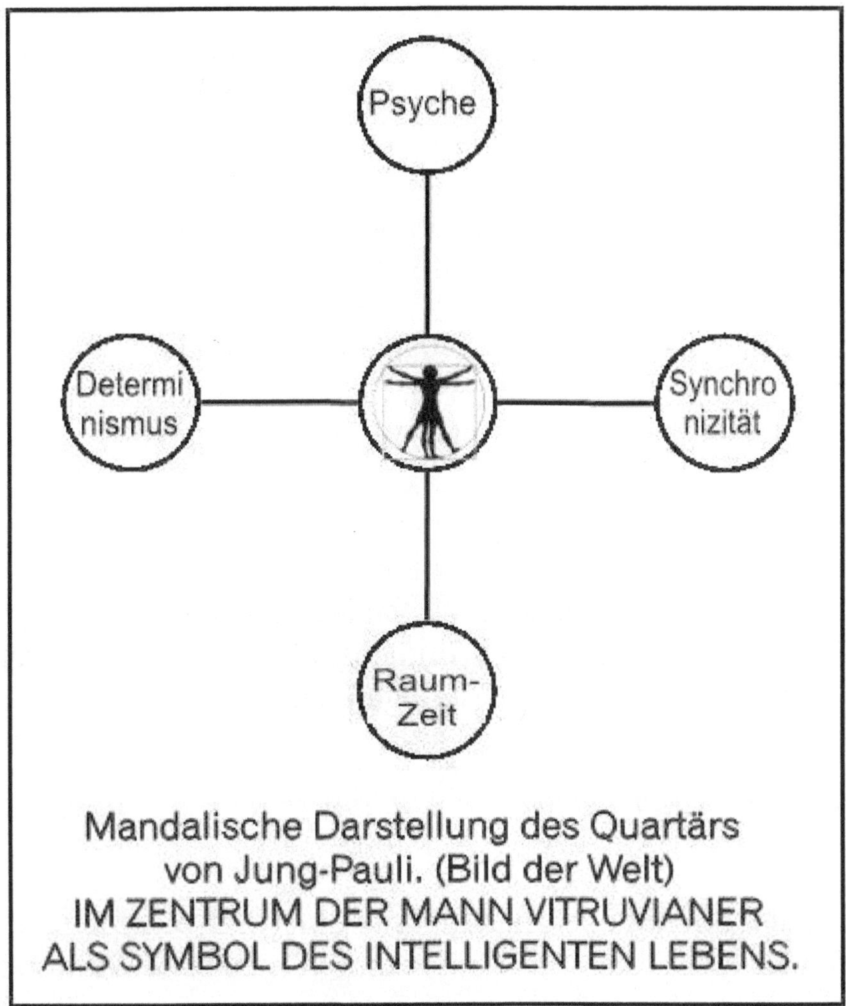

Abbildung 18 - Das psychophysische Diagramm von Jung-Pauli in Form eines Mandalas. Das Symbol des intelligenten Lebens steht im Zentrum.

The Universal Mind entwirft Universen. Seine Gedanken zielen darauf ab, Universen zu erschaffen. Seine Projekte sind Walnussschalen, die in unendlichen Mengen in einem unendlichen Gedankenraum entstehen.

Wir wissen nicht, ob alle Universen intelligent gestaltet sind. Das heißt, wir wissen nicht, ob alle Universen mit dem Ziel geschaffen wurden, dass sie sich in geordneter Weise zu einem endgültigen Ziel entwickeln und weiterentwickeln.

Natürlich hat unser Universum diesen Zweck.

Aus dem oben Gesagten und aus all den Gründen, die die Theorie des anthropischen Prinzips rechtfertigen, wurde unser Universum aus einem Projekt geboren, das von Anfang an die Konstanten und Naturkräfte vorsah, die zur Entwicklung des Lebens führen würden.

Wir sind hier, weil der "kosmische Verstand" wollte, dass wir hier sind. Mit immenser Intelligenz hat der Verstand die optimalen Bedingungen dafür geschaffen.

Aber existiert das Universum aus Materie wirklich?

Die Urknalltheorie hatte immer einen Schwachpunkt in der Tatsache, dass das Universum von einer Singularität hätte ausgehen können. Es ist sehr schwer vorstellbar, dass am Ursprung der Welt alle Masse und Energie auf einen infinitesimalen Punkt konzentriert waren.

Wissenschaftler der Quantenkosmologie haben einen wirklich überraschenden Vorschlag zur Lösung dieses Problems vorgelegt. Dies ist die Theorie, die als "Universum mit null Energie" (Total zero energy universe) bezeichnet wird.

Diese Theorie basiert auf der Hypothese, dass die Gesamtenergie des Universums gleich Null ist. In der Praxis würde die durch die Materie hervorgerufene positive Energie genau durch die negative Gravitationsenergie ausgeglichen. Folglich wird die Energie für eine einfache Summe gestrichen. Wenn wir +1 zu -1 addieren, ist die Summe Null.

1973 veröffentlichte der amerikanische Physiker Edward Tyron einen Artikel in der Fachzeitschrift "Nature". Tyron argumentiert, dass das gesamte Universum aus Quantenfluktuationen im Vakuum hervorgegangen ist. Diese Schwankungen könnten Paare von Partikeln und Antiteilchen erzeugen.

Stephen Hawking schreibt dies in einem seiner Artikel:

"In der Region des Universums, die wir beobachten können, gibt es ungefähr 10^{80} Materieteilchen. Woher kommen sie? Die Antwort ist, dass in der Quantentheorie Teilchen in Form von Paaren erzeugt werden können, die aus einem Teilchen und seinem Antiteilchen bestehen. Dies geschieht ausgehend von Energie.

An dieser Stelle tritt jedoch ein anderes Problem auf. Woher stammt diese Energie? Die Antwort ist, dass die Gesamtenergie des Universums genau Null ist.

Die Materie des Universums besteht aus positiver Energie. Es muss jedoch beachtet werden, dass alle Materie von der Schwerkraft angezogen wird. Zwei nahe beieinander platzierte Materialstücke haben weniger Energie als zwei identische, in großem Abstand platzierte Materialstücke. Dies geschieht, weil im Fall der beiden benachbarten Teile Energie aufgewendet werden muss, um sie getrennt von der Gravitationskraft zu halten, die sie tendenziell näher zusammenbringt. Vielmehr ist bei den beiden entfernten Stücken die notwendige Energie vernachlässigbar. In gewisser Weise hat das Gravitationsfeld also eine negative Energie.

Wenn wir das gesamte Universum nehmen, können wir zeigen, dass die gesamte negative Gravitationsenergie genau der gesamten positiven Gravitationsenergie entspricht. Das Ergebnis ist, dass sich die beiden Energien gegenseitig aufheben, so dass die Gesamtenergie des Universums Null ist. "

An diesem Punkt wird Fracastorios Aussage in der *"Cena de le ceneri"* sehr aktuell:

"Nullibi ergo erit mundis. Omne erit in nihilo. "
(Dann wird die Welt nicht existieren. Alles wird nichts sein, gleich Null).

Es ist erstaunlich, wie der von Giordano Bruno im Jahr 1584 geschaffene Charakter eine so angemessene Intuition gehabt haben könnte.

Nach der Theorie des "Total Zero Energy Universums" entspricht die im Universum vorhandene Masse, die ein positives Vorzeichen hat, genau der negativen Gravitationsenergie.

Dies führt zu einem beunruhigenden Effekt, der sich in zwei Punkten zusammenfassen lässt und folgende Konsequenzen hat:

- Die Expansion des Universums erzeugt eine Zunahme der negativen Schwerkraft.

- Die negative Schwerkraft erzeugt eine Massezunahme, die einen positiven Wert hat. Dies geschieht, um die Gleichheit der beiden Gravitäten zu erhalten.

Die Folge ist:

_- Die Masse entsteht spontan aufgrund des expandierenden Universums und der zunehmenden negativen Schwerkraft.

Zusammenfassend argumentiert Edward Tyron, dass die Entstehung des Universums von den besonderen Quantenfluktuationen des anfänglichen Vakuums ausgeht. Diese Schwankungen erzeugen, wie bereits erwähnt, Partikel-Antiteilchen-Paare.

Darüber hinaus hätten diese Schwankungen, ausgehend von einem mikroskopischen Bereich, kleine Bereiche hervorgebracht, die im Hinblick auf das Masse / Schwerkraft-Verhältnis weder homogen noch stabil sind.

Diese Instabilitätsbereiche, die durch einen als Inflation bezeichneten Prozess vergrößert werden, haben zunehmend größere Strukturen bis hin zu Galaxien und Galaxienhaufen erzeugt.

Mit anderen Worten, wenn wir die ursprüngliche Existenz der Quantenleere annehmen, wird die Bildung "ex nihilo" des Universums möglich und leitet sich aus den Naturgesetzen ab.

Es bleibt die Frage, wer diese Gesetze geschrieben hätte.

Es gibt noch ein anderes Problem, das wir hier nicht lösen können. Wenn Materie und Energie im Universum Null sind, dann existieren Materie und Energie nicht.

Reden wir also über ein Universum oder einen Geist?

Gibt es etwas, das "ex nihilo" erschaffen wurde, oder ist das alles eine große Illusion? Vielleicht ist alles, was wir als "real" bezeichnen, nur ein großer Traum. Tatsache bleibt, dass wir träumen.

Nichtlokalität, Verstrickung

Unter dem Gesichtspunkt des gesunden Menschen-
verstands beschreibt die Quantenelektrodynamik eine
absurde Natur.
Es stimmt jedoch vollkommen mit den experimentellen
Daten überein. Ich hoffe daher, dass Sie die Natur für
das akzeptieren können,
was sie ist: absurd.

(Richard Feynman, US-amerikanischer Physiker)

Einstein und das Prinzip der Lokalität

Wenn es etwas gibt, das einen Schweizer verärgern kann, nämlich einen Menschen, der in der Heimat der Uhren geboren wurde, dann ist es der Mangel an Präzision. Wenn diese Person dann mit einer methodischen Arbeit beschäftigt ist, die die eines Patentanwalts sein kann, dann können wir ihre Enttäuschung verstehen, wenn die Dinge nicht so funktionieren, wie sie sollten. Dies gilt umso mehr, wenn diese Person in ihrer Freizeit auch Mathematiker ist.

Wir sprechen von Albert Einstein. Während seiner wissenschaftlichen Karriere stieß Einstein nur auf eine Sache, die ihn irritierte: "Quantenunbestimmtheit". Einstein verabscheute von ganzem Herzen die mangelnde Disziplin der Elementarteilchen und deren Charakteristik der schwer fassbaren Zweideutigkeit. Einstein verabscheute die Tatsache, dass sich Elementarteilchen weigern, ihre Position im Raum und ihre Geschwindigkeit gleichzeitig bekannt zu machen.

All dies war eine Ohrfeige für die guten und soliden Regeln der Newtonschen Physik, auf denen Einstein seine bekannteste Theorie, die der Relativitätstheorie, beruhte.

Newtonsche Gesetze basieren auf dem "Prinzip der Kausalität", auch Determinismus genannt. Das Universum besteht aus Materie. Im Bereich der Materie geschieht nichts durch Zufall, alles geschieht als Ergebnis von etwas, das zuvor geschehen ist. Materie zieht an und stößt ab, kollidiert, bewegt sich oder bleibt unbeweglich.

In diesen Bewegungen zahlt Materie einen Preis mit einer Währung, die Energie genannt wird.

Nur eine bestimmte Energie, die auf die Materie angewendet wird, führt zu einer Handlung oder einer Kette von Handlungen.

Stellen Sie sich ein Fußballspiel vor. Im Strafraum befindet sich ein gut platzierter Ball, der darauf wartet, dass ein Spieler ihn zur Tür wirft. Denken Sie, dass sich der Ball in Richtung des gegnerischen Tores bewegt, ohne getreten zu werden?

Stellen Sie sich einen Golfspieler vor, der sich darauf vorbereitet, den Ball zu schlagen, um ihn in Richtung des Lochs zu werfen. Dieser Spieler ist anscheinend teilnahmslos, aber seine Seele ist an Hunderten von mentalen Überlegungen beteiligt. Er muss mit größter Präzision berechnen, welche Kraft und welchen Winkel er dem Ball geben muss, um ihn auf das Ziel zu lenken.

Tatsächlich wird nichts zufällig passieren. Der Ball erreicht genau den Punkt, der dem empfangenen Stoß entspricht. Der Erfolg des Starts hängt nur von zwei Faktoren ab. Der erste Faktor ist die Genauigkeit der vom Launcher durchgeführten Berechnungen. Der zweite Faktor ist die Fähigkeit des Spielers, die Berechnungen auf seinen Arm zu übertragen. Stellen Sie sich vor, dass eine Kugel, basierend auf den Berechnungen, bis zu einem Millimeter vom Rand des Lochs entfernt ist. Es kommt nie vor, dass der Ball von sich aus beschließt, ein Stückchen weiter zu gehen. Nicht einmal die Schreie und Bitten des Publikums können den Ball einen Millimeter weiter treiben.

Wir können unsere Energie kalibrieren, um die gewünschten Ergebnisse zu erzielen, weil wir wissen, dass Objekte mit absoluter Präzision auf unsere "Befehle" reagieren.

Wir können Sonden in den Weltraum werfen und sie genau an den Orten landen lassen, die wir ausgewählt haben, sei es auf dem Mond oder dem Mars oder anderswo.

Kürzlich startete die Europäische Weltraumorganisation mit der Mission Rosetta eine Weltraumsonde genau auf einem sich bewegenden Kometen. Dieser Komet, bekannt als 67P / Churyumov-Gerasimenko, ist nur ein winziger Stein mit einem Kern von 3 Kilometern Durchmesser, der sich im Weltraum Tausende von Meilen entfernt bewegt. Wir haben es mit absoluter Präzision getroffen.

Ist Kausalität die Basis aller Dinge?

1950 schrieb Alan Turing dies in seinem Buch "Rechnen mit Maschinen und Intelligenz": (Calculating machines and intelligence)

> "Wenn wir ein einzelnes Elektron auf einen Milliardstel Zentimeter bewegen, kann dies den Unterschied zwischen zwei sehr unterschiedlichen Ereignissen hervorrufen.
>
> Ein Jahr später könnte dieser Umzug beispielsweise dazu führen, dass ein Mann aufgrund einer Lawine getötet wird, oder er könnte die Ursache für seine Rettung sein. "

1972 hielt Edward Lorentz einen Vortrag mit dem Titel "Wenn ein Schmetterling in Brasilien mit den Flügeln schlägt, kann er dann in Texas einen Tornado verursachen?" (*Can a butterfly's wing beat in Brazil cause a tornado in Texas?*).

In der heutigen wissenschaftlichen Welt kann alles im Labor gewogen, gemessen und bestimmt werden. Diese Welt befindet sich in einer Dimension, in der die Zeit nur voranschreitet. In dieser Welt, die nur aus Materie besteht, könnte die Antwort auf Lorentz 'Frage "Ja" lauten.

An der Tatsache, dass ein Schmetterling in Brasilien einen Tornado in Texas auslösen kann, können wir Zweifel haben.

Wenn dies passieren könnte, wäre dies nur eine sehr indirekte Konsequenz. Diese Möglichkeit bietet jedoch so viele Variablen, dass sie selbst mit den leistungsstärksten Computern nicht berechnet werden kann.

In der Physik gibt es das Prinzip der "Lokalität", wonach entfernte Objekte keinen unmittelbaren Einfluss aufeinander haben können. Ein Objekt wird direkt nur von einer Kraft beeinflusst, die sich in seiner unmittelbaren Umgebung befindet. Es ist notwendig, die Schwächung der Schwerkraft mit zunehmender Entfernung zu berücksichtigen. Darüber hinaus benötigt ein Signal, das in irgendeiner Weise an ein entferntes Objekt gesendet wird, Zeit, um die Entfernung zu überwinden, und die Geschwindigkeit kann 300.000 Kilometer pro Sekunde, dh die Lichtgeschwindigkeit, nicht überschreiten.

Einstein war sehr besorgt, als aus der Quantenphysik Signale für die Existenz "nicht-lokaler" Beziehungen zwischen Elementarteilchen kamen.

Die Probleme, die ihn am meisten verblüfften, waren die des "Ungewissheitsprinzips". Dieses 1927 von Werner Heisenberg aufgestellte Prinzip stellt ein zentrales Konzept der Quantenmechanik dar und stellt einen irreparablen Bruch gegenüber den Gesetzen der klassischen Mechanik dar.

Heisenberg hat gezeigt, dass es nicht möglich ist, zwei "konjugierte Variablen" gleichzeitig und genau zu kennen. Beispielsweise ist es nicht möglich, gleichzeitig die genaue Position eines Teilchens und seinen Impuls oder seine Geschwindigkeit zu kennen.

Dies stand in deutlichem Gegensatz zu den Anforderungen der klassischen Physik. Denken Sie daran, dass wir mit der klassischen Physik alles berechnen können, wenn wir die Ausgangswerte kennen. Um die Flugbahn einer Raumkapsel oder einer Billardkugel zu berechnen, muss ich genau wissen, wo sie sich zu Beginn befindet, welchen Schub sie empfängt und mit welcher Geschwindigkeit sie sich bewegen wird.

In der Quantenphysik sind diese Werte niemals gleichzeitig verfügbar.

Wenn wir die Position und den Impuls eines Teilchens gleichzeitig messen, sind die erhaltenen Werte absolut unsicher. Diese Unsicherheit ergibt sich nicht aus den Messtechniken, sondern ist die Folge der Quantenrealität, die eine "probabilistische Realität" ist.

Das Konzept des Probabilismus ist klar, wenn wir noch einmal auf das Experiment des Doppelspalts zurückkommen: Ein Photon, das mit zwei Spalten gegen die Barriere geschossen wird, hat die Wahrscheinlichkeit, das eine oder das andere zu kreuzen, und kreuzt daher beide.

Nur der Beobachter kann die verschiedenen wahrscheinlichkeitstheoretischen Zustände in einem einzigen Punkt zusammenbrechen lassen. In einer unbeobachteten Situation existieren alle wahrscheinlichkeitstheoretischen Zustände. Über den Quanten-Probabilismus sprach Einstein den berühmten Satz aus:

> "Es ist schwierig, einen Blick auf die Karten zu werfen, die Gott in seiner Hand hat, aber ich kann nicht einmal für einen Moment glauben, dass Gott Würfel spielt."

Quantenverschränkung

Die Quantenrealität entspricht nicht den Kriterien der lokalen klassischen Physik und wird daher als "nicht lokal" bezeichnet. In der nicht lokalen Domäne gibt es Ereignisse und Vorführungen, die nicht den typischen Einschränkungen der lokalen Domäne unterliegen. Nicht lokale Domänenereignisse sind nicht durch Zeit oder Entfernung begrenzt. In diesem Bereich gibt es weder "gestern und heute" noch "vorher und nachher". Es gibt nur "jetzt und immer". Ebenso gibt es kein "hoch und niedrig", "nah und fern", sondern nur "hier und überall".

Die offensichtlichste Bestätigung für die Existenz der nichtlokalen Domäne liefert eines der berühmtesten Experimente der Quantenphysik. Dies ist das Experiment, das 1982 unter Anleitung des französischen Forschers Alain Aspect durchgeführt wurde. Dieses Experiment bestätigte die Quantenverschränkungstheorie und beendete eine sehr lange Protestperiode. Die Hauptgegensätze wurden einerseits von Niels Bohr, Direktor der Arbeitsgruppe "Kopenhagener Schule", und andererseits von Albert Einstein unterstützt.

Das überraschendste und faszinierendste Merkmal von subatomaren Partikeln ist die Fähigkeit, Informationen sofort zwischen ihnen auszutauschen. In der Praxis passieren Informationen keinen physischen Raum, um die beiden Partikel zu verbinden, das heißt, sie stellen keinen Weg zwischen dem einen und dem anderen Partikel her. Die nicht-lokale Ebene ist rein psychisch. Auf der nicht-lokalen Ebene ist der Austausch von Informationen wie der Austausch von Gedanken.

Tatsächlich kann aus Sicht der Newtonschen Physik jedes Ereignis vorausgesagt werden, solange es messbar ist. Um die Messung zu ermöglichen, müssen die Teile im Spiel ein Gewicht, eine Größe und einen Platz im Raum haben. Das heißt, die zu messenden Teile müssen Materie oder Zeit sein. Zeit ist auch messbar.

"Entanglement" ist ein englischer Begriff, der "Weben" bedeutet. Dieser Begriff repräsentiert die Verflechtung, die zwischen zwei "korrelierten Partikel" hergestellt wird, die zusammen geboren werden. Heutzutage betreffen die "Verschränkungs" -Experimente nicht nur zwei Teilchen. Eine Quantenverschränkung kann auch unter Millionen verwandter Teilchen im Labor erreicht werden. Wir müssen feststellen, dass der Urknall in seiner kreativen Explosion alle vorhandenen Teilchen korrelierte, wenn wir das Universum als ein großes Labor betrachten.

Die Tatsache, dass eine Bindung hergestellt wird, ist kein Problem, das die klassische Physik heimsucht. Das eigentliche Problem ist, dass diese Verflechtung alle Gesetze der klassischen Physik verzerrt, dh die Säulen, auf denen die moderne Wissenschaft ruht, aus dem Gleichgewicht bringt.

Die klassische Physik legt einige Dinge fest, darunter:

- Die Realität ist kausal und mechanistisch: Jede Handlung ist die Reaktion, die sich aus einer vorhergehenden Handlung ergibt und die Ursache für nachfolgende Handlungen ist.

- Die Lichtgeschwindigkeit kann nicht überschritten werden.

- Jede Kraft (Gravitation, Magnetismus usw.) nimmt in Abhängigkeit von der Entfernung ab.

- Der Pfeil der Zeit bildet eine starre Hierarchie in der Entwicklung jedes Ereignisses. Was zuerst passiert, ist die Ursache dessen, was danach passiert, und das Gegenteil kann niemals wahr sein.

Auf der Ebene der Elementarteilchen ist keine dieser Regeln mehr wert.

Beginnen wir mit der Tatsache, dass die beiden verwandten Teilchen auf verschiedene Weise erhalten werden können, aber auf jeden Fall gegensätzliche "Spins" aufweisen. Ein Teilchen hat eine "negative Hälfte" und das andere eine "positive Hälfte". Spin ist eine Eigenschaft ähnlich der Drehrichtung (Rechts- oder Linkshänder)

Wenn eines der beiden Teilchen den Spin umkehrt, kehrt das andere es gleichzeitig um. Die Inversion ist nicht unmittelbar, sondern zeitgemäß im selben Moment. Es ist egal, wie weit die beiden Teilchen im Universum sind.

Also:

- Die Lichtgeschwindigkeitsbeschränkung ist nicht mehr gültig.

- Das Prinzip, nach dem Kräfte in Abhängigkeit von der Entfernung schwächen, ist nicht mehr gültig.

- Da es keinen Zeitunterschied zwischen der Inversion der beiden Teilchen gibt, ist der Zeitpfeil nicht mehr gültig und es gibt keine Kausalität.

Die erste praktische Bestätigung erfolgte in dem von Alain Aspect 1980-1982 durchgeführten Experiment. Später wurde das Experiment hunderte oder vielleicht tausende Male bestätigt.

Alles ist eins in der nicht lokalen Dimension

Aus diesem Experiment ergibt sich eine Frage, die im Moment keine Antworten hat.

Woher weiß ein Teilchen, dass das andere den Spin verändert?

Wir können uns vorstellen, dass das Teilchen B die Änderung des Teilchens A NACH dem Geschehen bemerkt. Es ist nicht so Tatsächlich weiß das Teilchen B dies gleichzeitig und die beiden Teilchen verändern gleichzeitig den Spin.

Die beiden Teilchen verhalten sich so, als wären sie ein einziges Teilchen, das heißt, als wären sie an derselben Stelle vereint.

Dies ist auch dann der Fall, wenn sie sich in astronomischen Entfernungen befinden.

Welche Informationen haben die beiden Teilchen koordiniert?

Durch welches Feld wanderten die Informationen, um die beiden Teilchen zu koordinieren?

Es ist notwendig, ein Feld zu hypothetisieren, das ein imaginärer Raum ist, der nicht aus Materie, sondern nur aus Energie und Information besteht. Tatsächlich ist dies ein psychischer Raum.

Ist es vielleicht derselbe Raum, den Platon "Welt der Ideen" nannte und den Carl Jung später "Kollektives Unbewusstes" nannte?

Dies ist der Raum, der als Nichtlokalität bezeichnet wird, da er nicht an einem bestimmten Ort platziert werden kann. Nichtlokalität ist überall. Es verbindet das gesamte Universum, so dass jeder Teil des Universums in diese Energie- und Informationsebene eintaucht. Das gesamte Universum enthält nur eine Energie und eine einzigartige Information. Das ganze Universum ist eins.

Auf dieser nichtlokalen Ebene, auf der es weder Raum noch Zeit gibt, durchdringen alle Informationen des Universums unser Bewusstsein.

Es ist die Information, die Jung "Archetypen" nannte. Sogar die Synchronitätsepisoden entstehen in der Nichtlokalität. Die Synchronizitäten fließen in Richtung unseres Gewissens und erzeugen all die seltsamen Zufälle, von denen wir Protagonisten sind, die Vorahnungen, die spirituellen Intuitionen. Synchronizitäten sind Fenster, die Räume des Geistes öffnen.

Die Seele existiert

*Nur der Reisende, der in seiner unendlichen inneren
Welt gewandert ist, kann sich der Seele nähern. So wird
er entdecken, dass er jahrelang nichts anderes getan
hat, als nach der Seele Ausschau zu halten,
da die Seele hinter und in allem ist.*
(Carl Gustav Jung)

Du bist eine kleine Seele, die eine Leiche herumträgt
(Epiktet, griechischer Philosoph)

Die ganze Materie im Universum besteht aus Teilchen. Die Art und Weise, wie Materie uns erscheint, hängt davon ab, wie die Teilchen angeordnet sind, die durch Anziehungskräfte miteinander verbunden sind. Die gegenseitige Anziehungskraft der Partikel wird kontrastiert, da sich die Partikel selbst in einem Zustand ständiger Bewegung befinden. Der Aggregatzustand der Materie hängt von der Folge dieser beiden entgegengesetzten Tendenzen ab: Anziehung und Bewegung.

Es gibt hauptsächlich drei Aggregatzustände: fest, flüssig und gasförmig.

Festkörpermaterialien haben ihre eigene Form und ihr eigenes Volumen. In Festkörpern sind die Moleküle durch intensive Kräfte miteinander verbunden und nehmen durchschnittlich zueinander fixierte Positionen ein. Die starre Struktur der Feststoffe ergibt sich aus der geordneten und kompakten Anordnung der Partikel.

Auch die flüssigen Stoffe haben ein eigenes Volumen, nehmen aber die Form des Behälters an, in dem sie sich befinden. Die Partikel von Flüssigkeiten können übereinander fließen, weil ihre kinetische Energie es schafft, die Anziehungskräfte teilweise zu überwinden.

In gasförmigen Materialien sind die Partikel voneinander entfernt und befinden sich in einem Zustand der Verwirrung. Sie haben kein genaues Volumen. Sie sind frei von Hindernissen und nehmen in der Regel mehr Platz ein. In den Gasen sind die Anziehungskräfte zwischen den einzelnen Molekülen schwach.

Der Aggregatzustand ist in einem Stoff kein festes Merkmal: Beispielsweise kann Wasser den festen Zustand (Eis), flüssig oder gasförmig (Wasserdampf) annehmen. Jeder Stoff kann seinen Zustand ändern. In diesem Fall nimmt der Stoff Energie in Form von Wärme auf oder gibt sie ab.

Die Atome, die die Materie ausmachen, sind zeitlos; Sie können von einer Substanz zu einer anderen, von einem Körper zu einem anderen und von einem Organismus zu einem anderen übergehen.

Wer sagt "Wir sind Kinder der Sterne", sagt eine große Wahrheit. Die Atome unseres Körpers existierten lange vor uns. Bei unserem Tod werden diese Atome in andere Erscheinungsformen der Materie zurückgeführt, ob biologisch oder nicht.

Zu unseren Lebzeiten haben wir sicherlich mindestens ein Luftmolekül eingeatmet, das bereits von berühmten historischen Persönlichkeiten wie Tutanchamun oder Marylin Monroe eingeatmet wurde.

Abbildung 19 - Einige Wissenschaftler, die zu einer spirituellen und nicht ausschließlich materialistischen Sicht der Wissenschaft beigetragen haben.

Die große Vielfalt an Formen und Farben, mit denen das Material unseren Augen erscheint, beruht auf der Tatsache, dass sich die Atome auf vielfältige Weise verbinden und größere und komplexere Strukturen bilden können.

Die Materie wird zu Formen zusammengefasst, die kohärent und zielgerichtet sind

Atome aggregieren zu Molekülen. Die Moleküle aggregieren zu Körpern aller Art, von der "Amöbe Proteus" bis zur Andromeda-Galaxie. Die erste spontane Beobachtung ist folgende: Sowohl die extrem kleine Amöbe als auch die extrem große Andromeda enthalten eine wunderbare Ordnung, die ihre Existenz ermöglicht.

Wenn die Amöbe keine Möglichkeit hätte, sich zu ernähren und zu vermehren, und wenn die Grundwerte der Galaxie nicht genau so wären, wie sie sind, würde es auch keine geben.

All dies ist selbstverständlich, aber die Frage, die niemand schlüssig beantworten kann, lautet: Warum kommt Materie genau so zusammen?

Die klassische Physik liefert eine anscheinend elementare Antwort: Materie aggregiert auf diese Weise, weil es Gesetze gibt, die diese Aggregationen spontan erzeugen.

Diese Antwort bewegt nichts als das Problem weiter: Warum existieren diese Gesetze und nicht andere? Wer hat diese Gesetze aufgestellt?

Wenn wir vom anthropischen Prinzip sprechen, erinnern wir uns an die ersten Schritte der Entwicklung des Universums.

Nur 200 Sekunden nach dem Urknall begann sich aus der Fusion von Wasserstoffatompaaren Helium zu bilden, und aus der Fusion von zwei Heliumatomen entstand Beryllium.

Der nächste Schritt war die Fusion von Berylliumatomen mit Heliumatomen, und dies führte zur Geburt des Kohlenstoffatoms. Da dies instabil war, wurde ein Verfahren entwickelt, das es stabil machte. Schließlich ermöglichte die Explosion der Sterne, dass der Kohlenstoff alle Planeten und insbesondere die Erde erreichte, wo er zur Grundlage des Lebens wurde.

Jede Aggregation stammt aus einem Projekt

Warum aggregieren Atome und Moleküle, um den Körper der Amöbe zu bilden, der in jeder Hinsicht voll funktionsfähig ist? Warum aggregieren andere Atome, um den Körper einer Fliege, eines Delphins oder eines Elefanten zu bilden?

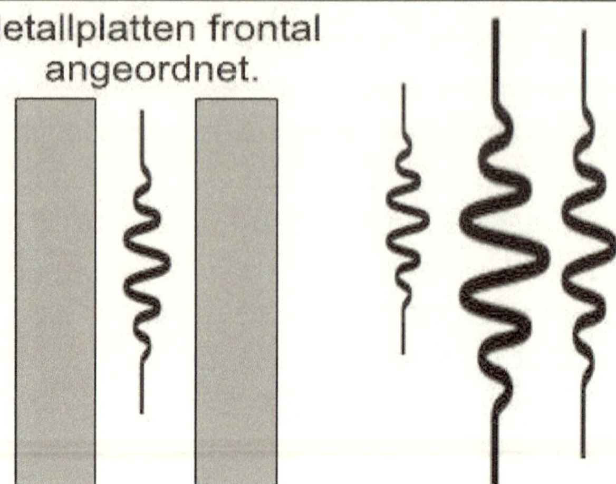

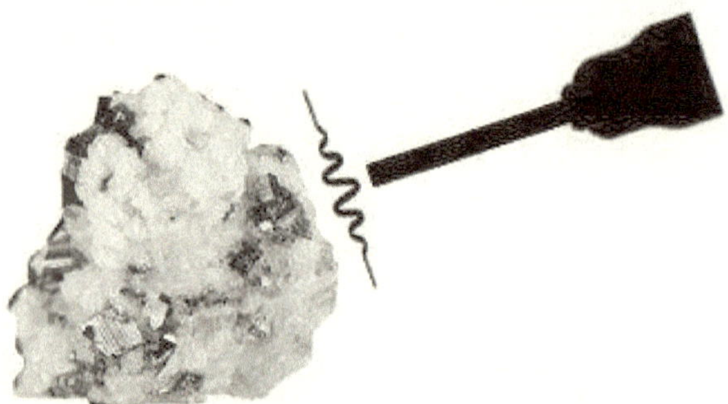

Abbildung 20 - Die Quantenatmosphäre von Frank Wilczek. Die Materialien erzeugen eine messbare Aura.

Wenn alles zufällig wäre, hätten wir nur sehr wenige perfekt funktionierende Aggregationen und eine große Menge irrationaler Aggregationen. Aber wo sind all diese anderen zufälligen Aggregationsformen? Wo sind die Elefanten mit drei Beinen und sieben Augen? Wo sind die Ochsen mit Federn mit drei Zähnen bedeckt?

Alle Aggregationen der Materie vom Beginn des Universums an werden von einem intelligenten Projekt geleitet, das die Materie überwindet.

Das Projekt existiert in der Tat vor der Materie und stammt nicht aus der Evolution, sondern begleitet sie. Evolution steht für den freien Willen der Kreatur, der sich nach Absprache mit dem Designer bestimmt.

Quantenatmosphären

Einige Physiker, die Elementarteilchen studieren, sind zu einem überraschenden Ergebnis gekommen. Betrachtet man eine Menge von Protonen, Neutronen oder Elektronen, so ist deren Summe teilweise größer als die Summe der Einzelteile. Es gibt mehr als das und wir wissen nicht, was es ist.

Frank Wilczek, Physiker am MIT und Nobelpreis für Physik 2004, veröffentlichte kürzlich in Zusammenarbeit mit Qing-Dong Jian von der Universität Stockholm einen erstaunlichen Artikel im Internet. Im Text behaupten sie, eine Art "Aura" untersucht zu haben, die die Materialien umgibt. Die beiden Wissenschaftler nannten dies "Quantenatmosphäre".

Die Quantenatmosphäre kann gemessen werden. In dieser Atmosphäre können wir einige Eigenschaften der Materialien feststellen, die vorher unbekannt waren. Wilczek erklärt das:

"Die Quantenatmosphäre ist ein subtiler Einflussbereich um ein Material".

Laut der Quantenmechanik ist das Vakuum nicht vollständig leer, sondern voller Quantenschwankungen. Wie in den vorhergehenden Kapiteln erwähnt, können Teilchen- und Antiteilchenpaare aus den Quantenfluktuationen des Vakuums entstehen. Diese Paare wären die Ursache für die Bildung des Universums gewesen.

Wilczek gibt dieses Beispiel:

- Wir nehmen zwei elektrisch geladene Metallplatten und legen sie im Vakuum dicht aneinander.

- Zwischen diesen beiden Platten können Quantenschwankungen auftreten

- Offensichtlich haben diese Schwankungen eine Wellenlänge, die kleiner ist als der Abstand, der die beiden Platten voneinander trennt.

- Außerhalb der Platten können jedoch Schwankungen jeder Wellenlänge auftreten.

- Infolgedessen ist die externe Energie größer als die interne. Die beiden Platten nähern sich einander.

Dies ist der Casimir-Effekt, der in etwa der Quantenatmosphäre entspricht (Abbildung 19 oben).

So wie eine Platte einer Kraft ausgesetzt ist, die sie sich der anderen Platte nähert, können eine Sonde und ein Material den gleichen Effekt aufzeichnen. Die Sonde funktioniert wie eine zweite Platte. Zusätzlich kann die Sonde die Kraftdifferenz messen. Dieser Unterschied in der Stärke oder "Aura", der durch Quantenfluktuationen erzeugt wird, wird Quantenatmosphäre genannt.

Es gibt wieder neue wissenschaftliche Erkenntnisse, die überraschende Aspekte der Realität aufzeigen.

Dies bestätigt zwei Wahrheiten:

- Die Quantenphysik ist etwas absolut Außergewöhnliches.

- Unser Verständnis für diesen Wissenschaftszweig ist nach wie vor völlig irrelevant.

Wir selbst sind in diese Realität involviert, aber wir erkennen es nicht. Dies hängt davon ab, dass unsere Sinne nicht in der Lage sind, mit der Quantenrealität zu interagieren: Sehen, Hören, Berühren, Schmecken und Riechen sind nicht so bemessen, dass sie das extrem Kleine wahrnehmen. Aber wir haben andere Sinne wie Intuition, Intelligenz und die natürliche Tendenz zu mystischen und spirituellen Realitäten.

Diese Sinne, die nichts mit Materie zu tun haben, können uns zum Verständnis der Geheimnisse führen, die den tiefsten Ebenen des Universums innewohnen.

Die Theorie der Quantenatmosphäre sieht die Existenz einer externen Komponente der Materie vor, und dies ist ziemlich überraschend.

Es gibt jedoch Studien von bekannten Wissenschaftlern, die die Existenz von etwas noch Erstaunlicherem bestätigen.

Diese Studien bestätigen auf wissenschaftlicher Basis die Existenz einer Komponente außerhalb des Menschen: das Gewissen oder die Seele. Dies ist etwas, was unsere spirituellen Sinne immer verstanden haben.

Wissenschaftler sprechen lieber von "Bewusstsein" als von "Seele". Bewusstsein ist definiert als "das unmittelbare Vermögen zu warnen, zu verstehen, die Tatsachen zu bewerten, die im Bereich der individuellen Erfahrung auftreten oder in der Zukunft auftreten".

Im allgemeinen Denken ist Bewusstsein die moralische Bewertung des eigenen Handelns. Zum Beispiel sagen wir oft "nach dem Gewissen handeln".

Stattdessen ist "Seele" ein Wort, das in vielen Religionen, spirituellen Traditionen und Philosophien verwendet wird. In diesen Bereichen repräsentiert die Seele den ewigen und spirituellen Teil eines Lebewesens. Normalerweise wird die Seele als vom physischen Körper verschieden angesehen. In einigen Fällen wird angenommen, dass die Seele den Menschen gehört, aber nicht den Tieren.

Seit der Neuzeit wird die Seele zunehmend mit dem "Verstand" oder "Bewusstsein" eines Menschen identifiziert.

Daher sollten Bewusstsein und Seele dasselbe anzeigen. Der Begriff "Gewissen" bezieht sich jedoch auf eine Komponente, die der Mensch unabhängig von äußeren Einflüssen besitzt. Dies ist ein absolut persönliches Eigentum.

Stattdessen hat der Begriff "Seele" über Jahrtausende eine kulturelle Konditionierung erfahren. Aufgrund dieser Konditionierungen bezieht sich der Begriff "Seele"

instinktiv auf etwas, das von einer "höheren Wirklichkeit" gewährt wird. Dies ist eine vorübergehende Aufgabe. Am Ende des Lebens müssen wir die Seele zurück-
geben, möglicherweise verbessert.

In der Tat können Bewusstsein und Seele genau dasselbe darstellen.

Dies gilt insbesondere dann, wenn wir bedenken, dass
das Bewusstsein nach den jüngsten Studien zweier sehr
berühmter Wissenschaftler etwas ist, das den Körper
überlebt. Wenn der Körper stirbt, verschwindet er in
Zersetzung. Stattdessen bleibt das Bewusstsein, das sich
zusammen mit diesem Körper gebildet hat, im Universum.

Was macht uns bewusst?

Die Natur des Bewusstseins ist ein großes Geheimnis,
das noch nicht gelöst ist. Es ist eine große Debatte im
Gange.

Die Thesen sind hauptsächlich zwei.

Die erste These, die wir materialistisch definieren können, besagt, dass Bewusstsein nur ein Nebenprodukt der
chemischen Prozesse ist, die sich bei der Verarbeitung
des Gehirns entwickeln. Nach dieser These könnte
Bewusstsein auch mit mechanischen Verfahren,
beispielsweise mit einem Computer, erzeugt werden.

Auf der Grundlage des Unvollständigkeitssatzes von
Gödel wurde jedoch gezeigt, dass unser Gehirn Funktionen ausführen kann, die nicht mit der formalen Logik vergleichbar sind. Kein Computer kann solche Funktionen

reproduzieren. Folglich kann die Hypothese einer gewissenhaften Software völlig ausgeschlossen werden.

Die zweite These hat eine spirituellere Ausrichtung. Diese These besagt, dass das Bewusstsein von einigen Merkmalen herrührt, die sich auf das Gehirn beziehen, aber sie haben Ursprung und Schicksal außerhalb des Gehirns. Die Seele wird außerhalb des Menschen geboren und begleitet den Menschen in seiner Existenz, stirbt aber nicht mit dem Menschen. Im Universum gibt es zusätzlich zur Materie eine "Substanz", die im Geist der Lebewesen verteilt ist. Das heißt, das Universum selbst ist ein "Geist" oder "universelles Bewusstsein". Das Gewissen oder die Seelen der Lebewesen stammen aus diesem "Geist des Universums". Beim Tod eines Wesens kehrt das Bewusstsein oder die Seele zu dem universellen Geist zurück, von dem es kommt.

Quantenphysik und die Seele

Zwei international renommierte Wissenschaftler gehören zu den Befürwortern der These einer Seele oder eines Bewusstseins, das den Körper überlebt.

Seit mehr als zwanzig Jahren widmen sich ein Arzt und ein theoretischer Physiker intensiven Studien, um zu verstehen, was Gewissen ist. Basierend auf den neuesten Ergebnissen ihrer Studien glauben die beiden Wissenschaftler, dass sie auf dem richtigen Weg sind, um das Rätsel zu lösen.

Einer der beiden Wissenschaftler ist Roger Penrose, ein britischer Mathematiker, Physiker und Kosmologe (Abbildung 19). Er ist bekannt für seine Arbeit auf dem Gebiet der mathematischen Physik, insbesondere für seine Beiträge zur Kosmologie. Penrose wurde 1931 in Colchester, Großbritannien, geboren. Zum Zeitpunkt der Veröffentlichung dieses Buches ist er 87 Jahre alt.

Penrose ist emeritierter Professor an der Universität Oxford, er gewann den Wolfspreis für Physik, die Copley-Medaille, die Eddington-Medaille, die Einstein-Medaille und viele andere wichtige Auszeichnungen. Darüber hinaus war Penrose ein Theoretiker der Schwarzen Löcher mit Studien, die zusammen mit Stephen Hawking durchgeführt wurden. Für seine Studien wurde Penrose 2008 für den Nobelpreis nominiert. Er verbrachte einen Großteil seines Lebens mit der Entwicklung mathematischer Formeln, die die Geheimnisse des Universums, einschließlich des menschlichen Bewusstseins, enthüllen können. Es ist nicht unerheblich, dass Penrose ein überzeugter Atheist ist.

1989 veröffentlichte Penrose das erfolgreiche Buch "The emperor's new mind". In diesem Buch stellt er fest, dass künstliche Intelligenz verspricht, der Menschheit einen "neuen Geist" zu geben, der sich grundlegend vom Geist des biologischen Menschen unterscheiden wird. In demselben Buch argumentiert er, dass Bewusstsein von bestimmten Quantenphänomenen herrühren kann, die in Gehirnneuronen stattfinden.

Kürzlich veröffentlichten Roger Penrose und Stuart Hameroff einen Artikel in "Physics of Life Reviews". In dem Artikel erläutern die Autoren neue Beweise zur Unterstützung der Quantentheorie des menschlichen Bewusstseins.

Stuart Hameroff (Abbildung 19) ist ein amerikanischer Anästhesist, der 1947 in Buffalo geboren wurde. Derzeit ist er Professor an der University of Arizona. Hameroff hat neue Theorien über die Mechanismen entwickelt, die das Funktionieren des menschlichen Bewusstseins steuern.

Zu Beginn seiner beruflichen Laufbahn widmete Hameroff seine Studien Neoplasmen und Mechanismen im Zusammenhang mit der Funktion von Anästhesiegasen. Anschließend untersuchte er die Rolle von Proteinstrukturen, die als "Mikrotubuli" bezeichnet werden, bei der Zellteilung.

Während dieser Studien stellte Hameroff die Hypothese auf, dass Mikrotubuli Operationen ausführen können, die mathematischen Berechnungen ähneln. Nach Ansicht dieses Wissenschaftlers haben Mikrotubuli daher eine Form des "Bewusstseins", das ihre Aktivität lenken und anregen kann.

Nach dieser Feststellung war es leicht, einen Zusammenhang zwischen dem Verständnis des Phänomens des Bewusstseins und dem Verständnis des Verhaltens von Mikrotubuli in Gehirnzellen herzustellen. Eine wissenschaftliche Verbindung herzustellen bedeutet, eine Studie zu beginnen.

Tatsächlich erfüllen Mikrotubuli Funktionen von beträchtlicher Komplexität auf molekularer und supramolekularer Ebene. Hameroff kommt zu dem Schluss, dass es bei zellularen Operationen genügend Berechnungen gibt, um von "Gewissen" zu sprechen.

Tatsächlich beinhaltet die Ausführung einer Berechnung das Erhalten eines Ergebnisses, und dies entspricht einer Auswahl.

Hameroff stellte diese Theorien 1987 in seinem Buch "Ultimate Computing" vor. Der Text des Buches kann (in englischer Sprache) von der Website des Autors unter folgender Adresse heruntergeladen werden:

www.quantumconsciousness.org/ultimatecomputing.html

Penrose und Hameroff haben, indem sie ihre jeweiligen Kompetenzen bündelten, die Erforschung des Phänomens des Bewusstseins unter mikrobiologischen und quantenphysikalischen Gesichtspunkten fortgesetzt.

Der in "Physics of Life Reviews" veröffentlichte Artikel von Penrose und Hameroff stützt die Hypothese, dass das Bewusstsein auf Quantenfluktuationen beruht, die in Mikrotubuli in Gehirnneuronen auftreten.

Darüber hinaus wurden diese Schwankungen tatsächlich beobachtet und können mit einigen spezifischen elektroenzephalographischen Rhythmen in Verbindung gebracht werden, die bis jetzt nicht erklärt worden waren.

In dem Artikel bestreitet Penrose Kritik an seiner Arbeit, da alle auf der Grundlage seiner Theorie gemachten Vorhersagen durch Beobachtungen bestätigt wurden. Darüber hinaus weist Penrose darauf hin, dass seine Theorie als mit den beiden großen Thesen in der Gewissensdebatte vereinbar angesehen werden kann.

Die Theorie von Penrose und Hameroff ist mit den Behauptungen derer vereinbar, die glauben, dass Bewusstsein nur ein Produkt der Evolution ist.

Gleichzeitig ist die Theorie mit der These derer vereinbar, die sagen, dass Bewusstsein eine Eigenschaft des

Universums ist, so dass Bewusstsein vom Menschen verschieden ist und vor dem Menschen existiert.

Die beiden Forscher entwickelten die "Quantentheorie des Geistes", auch "Orch-OR" genannt. (ORCHestrated Objective Reduction). Nach dieser Theorie ist Bewusstsein eine Welle, die im riesigen subatomaren Universum vibriert.

Die Mikrotubuli des Gehirns fungieren als Quantencomputer, empfangen Vibrationen und machen sie nutzbar.

In der Praxis erzeugen Mikrotubuli den Zusammenbruch des wahrscheinlichkeitstheoretischen Inhalts der Gewissenswelle. Mikrotubuli spielen die Rolle von "Beobachtern" und wandeln die in den Schwingungen enthaltenen Wahrscheinlichkeiten in genau definierte "Optionen" oder "Entscheidungen" um.

Penrose schreibt so:

"... es ist der Quantenkollaps, der Bewusstsein verursacht. Vielleicht ist derselbe Zusammenbruch das Bewusstsein. "

Um ein Beispiel zu geben. Stellen Sie sich vor, Sie müssen sich entscheiden, ob wir nach rechts oder nach links gehen sollen. Nach Ansicht einiger theoretischer Physiker kollabiert die alternative Realität der Verschiebung nach links mit der Hypothese einer Verschiebung nach rechts, wenn wir uns nach rechts bewegen.

Bewusstsein ist im vorliegenden Fall ein Quantenregister, in dem alle Kollabierungen, dh alle Entscheidungen, vermerkt sind. Dieses Register wird niemals gelöscht.

Die Summe der im Register enthaltenen Auswahlmöglichkeiten ist das Gewissen.

Die beiden Wissenschaftler definieren "Bewusstsein" als Ergebnis von Quantenprozessen, die den Körper beim Tod überleben. Diese Definition passt perfekt zum Begriff "Seele".

Bewusstsein hat psychischen und absolut immateriellen Inhalt. Obwohl es im physischen Kontext von Mikrotubuli erzeugt wird, ist Bewusstsein die psychische Verdichtung von Quantenfluktuationen und -kollabationen.

Da Quantenkollaps Entscheidungen sind, wäre Bewusstsein oder Seele die Aufzeichnung und Summe der Entscheidungen, die im Leben getroffen wurden. Das Bewusstsein ist dazu bestimmt, den Körper für die Ewigkeit zu überleben.

Es gibt eine nicht sekundäre Konsequenz dieser Theorie. Jedes biologische Wesen mit einem Gehirn oder einem Nervensystem, das Mikrotubuli enthält, hätte eine Seele, die für immer überleben kann. Die Seele wäre nicht länger exklusiv für den Menschen. Während die Entscheidungen des Menschen mit dem freien Willen zusammenhängen können, können die Entscheidungen der Tiere nur mit dem Instinkt in Verbindung gebracht werden.

Zusammenbruch von Quantenwellen

Wir sprechen zunehmend über Quantencomputer. Dies kann die Gelegenheit sein, eine praktische Anwendung des Zusammenbruchs der Wellenfunktion zu erläutern.

Ein gewöhnlicher Computer, wie der, mit dem ich diesen Text schreibe, oder wie der, den sicherlich jeder von Ihnen mehr oder weniger oft benutzt, hat einen Speicher, der jetzt in Milliarden von Bits gemessen wird.

Ein gewöhnliches Gigabit-Speichermaß entspricht 8.589.934.592 Bit. In einigen Jahrzehnten wurden enorme Fortschritte erzielt. Wenn jemand wie ich einen der allerersten tragbaren Computer verwendet, den ZX80, der 1980 von Sinclair Research von Clive Sinclair gebaut wurde und auf dem mit 3,25 MHz getakteten Mikroprozessor µPD780C-1 von NEC basiert, wird er sich noch gut daran erinnern Der Speicher war mit 800 Bit, 30 oder 40 Millionen Mal weniger leistungsfähig als ein aktuelles Tablet. Trotzdem konnte man mit dem ZX80 tolle Sachen machen.

Von diesem Zeitpunkt an blieb das Prinzip, das dem Betrieb des Speichers zugrunde liegt, dasselbe: Die Daten werden in Form von Bits gespeichert, dh Null oder Eins. Jeder Computerspeicher ist nichts anderes als eine riesige Anzahl dieser beiden Ziffern 0 und 1.

In einem Quantencomputer hingegen enthält der Speicher keine Bits, sondern Qubits. Der Unterschied ist signifikant. In herkömmlichen Computern kann ein Bit nur 0 oder nur 1 sein. Stattdessen kann in einem Quantencomputer ein Qubit gleichzeitig 0 und 1 sein. Die Information existiert "in überlappenden Zuständen", dh sie fungiert als Wahrscheinlichkeitswelle. Die Qubits bleiben im doppelten Zustand von 0 und 1 "unentschieden". Wenn sie beobachtet werden, kollabieren sie und nehmen definitiv einen der beiden möglichen Werte an.

Mit anderen Worten, der Quantencomputer kann viele Lösungen für ein einzelnes Problem gleichzeitig verarbeiten, anstatt die Berechnung viele Male zu wiederholen und nach einer besseren Lösung zu suchen. Zwei Qubits können gleichzeitig 4 Zustände haben, 4 Qubits haben 16 Zustände, 16 Qubits haben 256 Zustände und so weiter.

Zu diesem Zeitpunkt sind die "Zustände", die zur gleichen Zeit verfügbar sind, noch gering, aber die Forschung wird in Richtung des Entwurfs von Computern, die auf Tausenden von Qubits basieren, gestartet. Dieses Ziel würde die Anzahl der von einem Computer gleichzeitig ausgeführten Operationen unkalkulierbar machen.

Im März 2018 stellte "Google Quantum AI Lab" den neuen 72-Qubit-Bristlecone-Prozessor vor.

Qubit-ähnliche Neuronen

Diese Funktionsvielfalt zwischen herkömmlichem Computer und Quantencomputer lässt sich auf das Gehirn zurückführen. Es wird allgemein angenommen, dass das Gehirn durch Interaktionen zwischen Neuronen funktioniert, als wäre es ein traditioneller Computer. Jedes Neuron kann eins oder null entsprechen. Hameroff schreibt so:

"Die meisten Menschen wissen, dass sie hundert Milliarden Neuronen besitzen. Folglich denken sie, dass Verbindungen ausreichen, um die Existenz von Bewusstsein zu ermöglichen.

Diese Leute betrachten das Neuron als einen Schalter, der sich ausschaltet oder einschaltet, so dass es sich im Zustand Null oder Eins befinden kann. Dies ist eine Beleidigung für das Neuron selbst. Stellen Sie sich vor, eine einzelne Zelle wie Paramecium schwimmt, findet Nahrung, hat die Fähigkeit zu lernen, findet einen Partner. Wenn ein einfacher Paramecium so intelligent sein kann, ist es dann möglich, dass ein Neuron so dumm ist? Geht es nur darum, ein- oder ausgeschaltet zu werden? Ich denke, diese Leute denken nicht darüber nach, was im Neuron vor sich geht. "

Hameroffs Forschung konzentriert sich auf Mikrotubuli, absolut komplexe Organismen, die in Neuronen untergebracht sind. Dank dieser Position reagieren die Mikrotubuli sofort auf das, was im Kopf passiert, indem sie kontinuierlich komplexe Strukturen aufbauen und auflösen.

Beispielsweise überwachen Mikrotubuli die Reorganisation und Sortierung von DNA während der Zellteilung. Dies ist einer der komplexesten Prozesse in der Natur. Bedenken Sie, dass jeder Fehler zu Missbildungen führen kann.

All diese Überlegungen ließen Hameroff die Hypothese aufstellen, dass das Bewusstsein direkt in die Mikrotubuli gebracht werden kann.

Hameroff definiert Mikrotubuli wie folgt:

"Mikrotubuli sind eine Brücke zwischen Körper und Geist. Sie übertragen den Wellenkollaps von der Mikroskala über Quanteneffekte, dh über Phänomene, die nur auf subatomarer Ebene auftreten, auf den menschlichen Körper. "

Obwohl es Penrose an religiösen Orientierungen mangelt, vermutet er bei Hameroff, dass das Quantenbewusstsein jedes Lebewesens unabhängig vom Körper selbst ist und den physischen Tod des Individuums überleben kann.

Mit einem Zitat der italienischen Dichterin Silvana Stremiz können wir sagen:

"Es gibt einen" heiligen "Ort namens" Seele ", an dem alles, was zählt, unauslöschlich eingraviert ist. Worte, Gesten und Gedanken werden für die Ewigkeit fotografiert ".

Nach dem Tod kann das Quantenbewusstsein eine unendliche Existenz haben, da die Quanteninformation dem Gesetz der Energieerhaltung gehorcht und daher nicht zerstört werden kann.

Penrose und Hameroff versuchen mit der "Theorie des Quantenbewusstseins" die Erfahrungen an den Grenzen des Todes zu erklären, die sogenannte NDE (Near Death Experience).

Die beiden Wissenschaftler überwachten Menschen in der Nähe des Todes. Die Beobachtungen zeigten, dass die Mikrotubuli im Gehirn von Menschen in der Nähe des Todes den Verlust einer "Substanz" zeigten. Diese Substanz baut sich nicht ab, sondern verteilt sich außerhalb des Körpers. Tatsächlich kehrt die Substanz im Falle eines "Erwachens" in die Mikrotubuli zurück.

Engel, Dämonen und Seelen der Toten

Am Ende dieses Kapitels können wir einige metaphysische Überlegungen anstellen.

Gegenwärtig ist die Situation so. Obwohl die Seele mit einem Körper verbunden ist und aus dem Körper selbst stammt, ist sie in der Tat nicht physischer Natur und hat möglicherweise nicht einmal eine psychische Natur, sondern eine Quantennatur.

Wenn diese Studien schließlich die Existenz eines Bewusstseins oder einer Seele bestätigen, die den Körper überlebt, könnten wir uns nach der Natur dieser Seele fragen.

Die Seele wäre das Ergebnis aller Quantenentscheidungsprozesse, das heißt aller unendlichen Quantenkollapsreaktionen, die durch die Entscheidungen des Individuums während seiner Existenz erzeugt werden. Die Seele wäre tatsächlich das Ergebnis aller Handlungen im Leben. Alle Handlungen des Individuums würden katalogisiert und in einem aus Quantenfluktuationen bestehenden Nebel aufgezeichnet.

Die Frage ist, wie viele dieser "Quantennebel" um uns herum leben. Die Antwort ist einfach: eine unberechenbare Zahl.

Diese einfache Bestätigung macht deutlich, wie tief und unergründlich das Geheimnis der Seelen ist.

Ist es möglich, dass genau diese Quantennebel den größten Nebel bilden, den Jung das kollektive Unbewusste nannte? In der Tat spekulierte Jung genau das. Nach der Jungschen Theorie enthält das kollektive Unbewusste die Erfahrung der gesamten zuvor erlebten Menschheit.

Diese Beobachtung macht das Konzept des kollektiven Unbewussten, das einheitlich, grau und anonym erscheinen könnte, bekannter. Das kollektive Unbewusste ist in ein kostbares Gewand gekleidet, das die Erinnerung an das bekannte Volk ist. Nicht nur die Menschen, die vor zehntausend Jahren gelebt haben, sondern auch die Menschen, die uns am nächsten stehen, die wir in unserem Leben gekannt haben.

Abschließend können wir nur einige Hypothesen formulieren.

Vielleicht könnten sogar Engel und Dämonen aus der Ecke der Mythen herauskommen, um echte Existenzen zu werden. Vielleicht sind Engel und Dämonen Quantenkondensationen, die vom universellen Verstand gewünscht werden, ohne einen Körper passieren zu müssen.

Und schließlich eine ziemlich verstörende Hypothese. Wenn wirklich die Seelen der Toten die Summe aller Quantenschwankungen ihres Lebens sind, dann sind sie "Informationen". Könnte die Technologie in einer Zukunft, in der wir nicht wissen, wie nah oder fern sie sein wird, möglicherweise Tools entwickeln, um diese Informationen abzufangen und zu decodieren?

Wird es nicht möglich sein, mit den Seelen der Toten zu kommunizieren? Wird es nicht möglich sein, mit ihrem Gewissen in einen Dialog zu treten, selbst wenn er auf der nicht lokalen Ebene eines gegenwärtig unergründlichen Kosmos verstreut wäre?

In diesem Fall könnten wir viele Wahrheiten entdecken, die wir bereits aufgegeben hatten. Wir würden die wahren Namen vieler Mörder entdecken, die Verstecke vieler Schätze, die Gründe für so viele unverständliche Handlungen. Wir würden die extreme Reue der Helden und die extreme Feigheit der Tapferen entdecken.

Wir konnten mit den Menschen sprechen, die uns am liebsten waren, um ihnen die Worte zu sagen, die wir niemals im Leben hätten sagen können.

Es gibt ein großes Problem. Wäre diese Technologie, falls sie jemals realisiert werden könnte, moralisch nachhaltig? Wäre es nicht richtig, diese Seelen in ihrer Ewigkeit in Frieden ruhen zu lassen? Ich glaube, dass es immer einige Gesetze des Universums geben wird, die vom Großen Geist gewollt werden und die verhindern, dass dies geschieht. Aber natürlich kann niemand feststellen, was Gut oder Böse ist, außerhalb der engen Grenzen seiner Erfahrung. Vielleicht konjugieren die Konzepte von Gut und Böse unterschiedlich oder hören im riesigen Geist des Kosmos auf zu existieren.

Auf die Frage, ob wir jemals alle Seelen der Toten sehen, treffen und kennenlernen können, können wir mit den Worten Buddhas antworten:

"Wenn die Seelen aller Lebewesen des Kosmos vereint wären, würde Gott dort erscheinen!"

Das Geheimnis der Seele entdecken heißt, das Geheimnis Gottes zu durchdringen.

Kollektive Unbewusste und Archetypen

Alle soeben zitierten Studien, Theorien und wissenschaftlichen Bestätigungen legen nahe, dass es einen Geist des Universums oder vielleicht einen kosmischen Geist geben muss, der viele Universen überwacht und leitet.

Können wir an dieser Intelligenz teilnehmen? Und wie können wir teilnehmen?

Ich habe früher von den intelligenten Aggregationen der Materie gesprochen. Jetzt müssen wir uns fragen, ob psychische Aggregationen möglich sind.

Die glaubwürdigste Antwort wurde uns wahrscheinlich schon im letzten Jahrhundert gegeben, mit den von Carl Jung ausgearbeiteten Theorien des kollektiven Unbewussten und der Synchronizität.

Synchronizität ist ein weit verbreitetes Phänomen, das wir alle beobachten können. Synchronizität ist eine mysteriöse Verbindung, die zwei oder mehr Tatsachen vereint, die normalerweise keinen Zusammenhang haben.

Dies bedeutet, dass die "Zufälligkeit" zwischen den berücksichtigten Links fehlt. Daher kann das Phänomen nicht wissenschaftlich erfasst werden.

Die heutige Wissenschaft basiert auf dem Prinzip von Ursache und Wirkung: Was auch immer passiert, geschieht, weil eine andere Tatsache es verursacht hat. Das heißt, ein Aggregat von Materie (Stein, Baum, Person) kann der Protagonist einer Handlung sein, die anschließend eine andere Handlung erzeugt, und so weiter. Es ist ein Zyklus, der aus der Zusammenarbeit von Materie und Zeit hervorgeht.

Synchronizität braucht keine Materie oder Zeit. In einer Synchronität passieren Dinge ohne logische Verbindung. Zwei absolut voneinander getrennte Tatsachen werden synchron, wenn der Protagonist ihnen eine Bedeutung gibt. Die Tatsachen sind in keiner Weise miteinander verbunden, aber für den Protagonisten gibt es einen sehr offensichtlichen Zusammenhang. Die Fakten verbinden sich, aber nur in der Psyche des Protagonisten

In seinen Studien betrachtet Jung die Tatsachen, die über die Grenzen der Statistik hinausgehen, als synchron, dh die Tatsachen, die in größeren Mengen auftreten, als dies bei einfachen "Fällen" zu erwarten wäre.

Aber woher kommen die Synchronizitäten? Wie kann es möglich sein, dass wir eine vergessene Person in einem Traum sehen und am nächsten Tag diese Person auf der Straße treffen?

Jung hat die Existenz eines kollektiven Unbewussten theoretisiert, das ein universeller und gemeinsamer "Raum" ist, mit dem wir alle verbunden sind.

Wann immer ein Bedürfnis, ein Zweifel, ein Moment besonderen Leidens in unserem Leben unser psychologisches Schutzniveau senkt, öffnen wir uns für jede mögliche Quelle der Hilfe. Dies ist der Moment, in dem das kollektive Unbewusste eingreifen kann.

Daraus folgt, dass die Phänomene der Synchronität nicht immer auftreten. Im Allgemeinen treten diese Phänomene auf, wenn wir sie brauchen.

Es gibt aber auch einen höheren Zusammenhang: "Botschaften" kommen aus dem kollektiven Unbewussten, um die gesamte Menschheit zu höheren Erkenntnisniveaus zu führen. Nach Jung enthält das kollektive Unbewusste die Erfahrung der gesamten Menschheit, die vor uns gelebt wird.

Wir drücken keine religiösen Konzepte aus. Selbst die derzeitige Quantenphysik, die sich mit dem Verhalten von Elementarteilchen auseinandersetzt, erkennt die Existenz eines "Leitfadens" für das Universum.

Es gibt einen psychischen Raum, der als "Nichtlokalität" bezeichnet wird und in dem die Dinge nicht durch ein Spiel von Ursache und Wirkung geschehen.

Auf der subatomaren Ebene gibt es Verhaltensweisen, die unmöglich erscheinen, weil sie über die Konditionierung der klassischen Physik hinausgehen.

Die seltsamen Zufälle

Die seltsamen Zufälle sind so häufige Erlebnisse, dass niemand an ihrer Existenz zweifelt. Carl Gustav Jung spricht darüber mit einem Beispiel:

„Mir ist klar, dass mein Straßenbahnticket die gleiche Nummer hat wie das etwas früher gekaufte Theaterbahnticket. Noch am selben Abend erhalte ich einen Anruf, in dem jemand dieselbe Nummer erwähnt. Es scheint mir, dass eine ungezwungene Beziehung sehr unwahrscheinlich ist ".

Es gibt auch weniger auffällige Zufälle, die uns jedoch überraschen, weil wir sie für nahezu unlösbar halten.

Unendliche Beispiele können angeführt werden. Wir sehen "mental" einen Freund in Not, und dann erfahren wir, dass diese Person wirklich etwas Unangenehmes hat.

Wir vermeiden es, aufgrund eines negativen Gefühls eine Wahl zu treffen, und stellen dann fest, dass dies uns vor großen Schwierigkeiten bewahrt hat. Wir träumen von einem Freund, den wir seit Jahren nicht mehr gesehen haben, weil er in einer anderen Stadt lebt, und am nächsten Tag treffen wir ihn auf der Straße.

Die offizielle Wissenschaft glaubt nicht an Zufälle, weil sie glaubt, dass dies zufällige Ereignisse sind. Tatsächlich glaubt die aktuelle Wissenschaft, die auf Materialismus basiert, dass alles, was passiert, immer konkret mit etwas anderem verbunden ist. Es kann keine mysteriösen psychischen Bindungen zwischen den Tatsachen geben, die uns betreffen.

Nehmen wir ein einfaches Beispiel. Eine Person bewegt sich von Punkt A zu Punkt B, der sich um die Ecke befindet. Nach ein paar Schritten (dh nach einiger

Zeit) biegt diese Person um die Ecke und kann erst dann sehen, was in Punkt B steht.

Es ist unmöglich, zuerst zu wissen, was in Punkt B zu finden ist. Um es zu wissen, brauchen wir einen Körper, der in der Lage ist zu sehen. Der Körper muss sich bewegen und es braucht Zeit, bis er sich bewegt. Nur dann wird die Person wissen, was in Punkt B steht.

Der Wissenschaft zufolge ist es dem Geist nicht möglich, um die Ecke zu biegen und die Person darüber zu informieren, was in Punkt B steht.

Die Zufälle können durch Vorurteil, Träume, Vorahnungen, Telepathie oder andere Faktoren hervorgerufen werden. In jedem Fall bringen sie auch Geist oder Psyche ins Spiel.

Das Universum besteht nicht nur aus Materie, sondern auch aus Materie und Psyche, die zusammen unsere Realität formen. Wenn dies zutrifft, werden viele Phänomene, die mit den Parametern des Materialismus unerklärlich wären, sehr erklärbar.

Heute ist die Wissenschaft mit den Neuerungen der Quantenphysik konfrontiert. Diese Physik entzieht sich den Beschränkungen von Zeit und Raum, die für die Materialistik typisch sind. Es gibt etablierte Experimente, die zeigen, wie sehr entfernte Teilchen im Raum gleichzeitig miteinander interagieren. Obwohl diese Partikel durch immense Entfernungen voneinander getrennt sind, verhalten sie sich so, als wären sie eins.

Da diese Teilchen nicht durch eine physikalische Verbindung verbunden sind, kann die Bindung, die sie verbindet, nur von der universellen Psyche ausgehen.

Nur eine psychische Bindung, die keinen Raum und keine Zeit kennt, kann sie zusammenhalten und sicherstellen, dass jedes Teilchen darüber informiert wird, was mit dem anderen passiert. Dies ist das Phänomen, das als "Verschränkung" bezeichnet wird. (entanglement).

Synchronizität und Verstrickung sind die Grundlage einer neuen Wissenschaft, die Materie und Psyche vereint. Diese neue Wissenschaft wird die Menschheit auf einem großen Sprung zu einem höheren Wissensstand begleiten.

Synchronizität ist ein Phänomen, das außergewöhnliche Ereignisse in unserer Existenz hervorruft. In anderen Fällen besteht Synchronizität häufiger aus einer Aufeinanderfolge von Tatsachen ohne Bindungen zwischen ihnen, die in unserer Wahrnehmung einen genauen Sinn erlangen.

Eine Synchronizität tritt jedes Mal auf, wenn eine Reihe von "Signalen" zu einem Ergebnis führt, sodass wir sagen können: "Ich habe es gefühlt, ich habe es erwartet". Es ist, als wollte uns jemand warnen und uns Ratschläge zum Verhalten geben.

Wenn dies ohne das Wissen geschieht, das notwendig ist, um die Schlussfolgerung bereits in uns zu verarbeiten, dann handelt es sich um eine echte Synchronizität.

Beispiel: Sie müssen auf Reisen gehen, aber plötzlich entscheiden Sie sich wegen eines seltsamen Gefühls des Unbehagens, nicht mehr zu gehen. Später erfahren Sie, dass das Fahrzeug (Zug, Flugzeug oder anderes) mit vielen Opfern einen schweren Unfall erlitten hat.

Offensichtlich kann das präventive Wissen über die Katastrophe nicht in unserem Gehirn erarbeitet worden sein. Nach heutigem Kenntnisstand können wir die Zukunft nicht vorhersagen.

Jung schlägt vor, dass alles Wissen über das Universum im kollektiven Unbewussten enthalten ist. Wir alle können nicht nur auf unser individuelles Gewissen zurückgreifen, das nur sehr begrenzte Informationen enthält, sondern auch auf das kollektive Unbewusste, das all das Wissen enthält, das durch die Erfahrung des Menschen von Adam bis zu uns selbst gereift ist.

Dieses praktisch unendliche Wissen ist im kollektiven Unbewussten in Form von Archetypen vorhanden. Die Archetypen sind "Prinzipien des Wissens". Sie können sich psychisch in unserem Bewusstsein durch Mittel wie Träume, Vorahnungen, Empfindungen manifestieren. Wir identifizieren die Archetypen mit der Entschlüsselung wichtiger Tatsachen, die in unserem täglichen Leben vorkommen.

Diese signifikanten Tatsachen sind die Zufälle, die einzeln als zur Zufälligkeit gehörig angesehen werden könnten. Insgesamt werden diese Tatsachen jedoch untereinander bestätigt, bis sie zu einer Prophezeiung zusammenlaufen.

Wir fragen uns vielleicht, warum Synchronizitäten nicht mehr häufig auftreten.

Jung beschäftigte sich mit dieser Frage. Er stellt eine Beziehung zwischen dem Auftreten von Synchronizitäten und unserer Zustimmung zu deren Auftreten her.

Unser individuelles Gewissen schafft laut Jung ein Maß an Wachsamkeit, das den Dialog mit dem kollektiven Bewusstsein verhindert. Das kollektive Unbewusste kann seine Aretypen nur dann in unser individuelles

Bewusstsein einfließen lassen, wenn es seine Wachsamkeit senkt. Das heißt, der Dialog zwischen unserem Gewissen und dem kollektiven Unbewussten findet nur unter bestimmten Bedingungen statt. Normalerweise haben wir eine instinktive Abwehr, die diesen Dialog ablehnt. In seinem Aufsatz "Synchronicity: An Acausal Connecting Principle" schreibt Jung:

> "Jeder emotionale Zustand bewirkt eine Bewusstseinsveränderung. Pierre Janet hat diese Modifikationen als "abaissement du niveau mental" definiert. Dies bedeutet, dass eine gewisse Verengung des Gewissens stattfindet und gleichzeitig eine Stärkung des Unbewussten ... Folglich fällt das Gewissen unter den Einfluss von Impulsen und instinktiver unbewusster Inhalt ".

Bei psychischen Traumata oder komplexen emotionalen Ereignissen, wie einer plötzlichen Veränderung unseres Lebensstandards, einer Liebe, einem Verrat oder dem Verlust eines lieben Menschen, senkt das Bewusstsein auf natürliche Weise seine Abwehrkräfte.

Manchmal geht das synchronistische Phänomen diesen Ereignissen voraus und bestätigt, dass die Zeit nur unsere Wahrnehmung ist und auf der Ebene des Unbewussten kein Vorher oder Nachher existiert.

Die östliche Psychologie lehrt die Senkung der Gewissensverteidigung. Diese Bedingung kann durch Übungen erreicht werden. Der Kontakt mit der mysteriösen Dimension des Universums, dem "Tao", findet durch die Entfremdung statt.

Hans Kung schreibt zu "Chuang-tzu":

"Der Text spricht von" Sitzen und Vergessen "und" Fasten des Herzens ". Dies bedeutet nichts anderes, als die Sinne und den Geist zu entleeren. Der Text sagt:
- *Lass deine Ohren und Augen mit deiner Seele in Verbindung treten. Dann kommen auch die Götter und Geister zu Besuch.* ".

In der westlichen Auffassung kann das Tao als dem Geist der Bibel analog angesehen werden. Der biblische Geist durchdringt die gesamte Schöpfung. Vom Geist kommen alle Erleuchtungen, die den Menschen leiten, und machen ihn zum "Propheten seines Lebens". Im Buch Joel sagt Gott:

"... Danach werde ich meinen Geist auf jeden Menschen ausschütten.

Deine Kinder und deine Töchter werden Propheten.

Ihre Ältesten werden Träume haben, Ihre jungen Leute werden Visionen haben.

In jenen Tagen werde ich meinen Geist auch auf Sklaven und Magd ausschütten "*(Joel 2: 28-29)*

Nimm die Herausforderung an

Die Quantenphysik stört das wissenschaftliche Denken. Viele Physiker, die zu den renommiertesten zählen, sind davon überzeugt, dass sie in den Prozess des Verständnisses des Universums eine Kraft integrieren müssen, die wir als psychisch bezeichnen können.

Ohne den Beitrag dieser "psychischen Kraft" ist das Verhalten von Elementarteilchen nicht mehr nachvollziehbar. Ich habe viele dieser Wissenschaftler auf den vorhergehenden Seiten erwähnt.

Viele von ihnen bezeugen diesen Glauben aktiv. Einige veröffentlichen Bücher, andere senden Artikel an qualifizierte wissenschaftliche Magazine. Andere machen ihre Gedanken nicht öffentlich, sondern beginnen Wege des spirituellen Bewusstseins.

Es gibt Dutzende von Physikern, die sich einer östlichen Philosophie zugewandt haben, insbesondere dem Buddhismus oder Hinduismus.

Die Wahl der Orientalisten ist hauptsächlich durch das Bedürfnis nach geistiger Freiheit motiviert. Viele weigern sich, sich an westliche religiöse Formen zu halten, weil sie sie als zu von Dogmen und Geboten durchdrungen betrachten. Diesem Umstand steht die Unabhängigkeit des Denkens gegenüber, die für einen Wissenschaftler den größten Reichtum darstellt. Für viele kann die unkritische Akzeptanz, das heißt der Glaube, die Vernunft nicht überwinden.

Offensichtlich treffen einige Wissenschaftler diese Wahl aus atheistischen Umgebungen. Leider gibt es immer noch Bereiche der Wissenschaft, die von der antiklerikalen Inbrunst nach der Ära der Aufklärung durchdrungen sind.

Stattdessen verwenden die meisten gewöhnlichen Menschen die kantische Logik nicht, um ihre eigene Glaubens- und Spiritualitätsebene zu verwalten. Während der gesamten Geschichte der Menschheit war das Gefühl der Existenz einer "überlegenen Entität" immer ein gemeinsames Erbe. Tatsächlich hat es nie ein Volk gegeben, das keine eigene Liste von Gottheiten und keine eigenen religiösen Kulte hatte. Die einzigen Ausnahmen sind einige autoritäre materialistische Regime, die im letzten Jahrhundert entstanden sind. Zum Glück haben sie sehr wenig gedauert.

Selbst in den am stärksten säkularisierten Gesellschaften der Bevölkerung ist das vage und unfühlbare Gefühl, das viele als "Nostalgie nach Gott" bezeichnen, immer noch wachsam und gegenwärtig.

In einer Anhörung 2012 mit dem Titel "Der Mensch trägt ein mysteriöses Verlangen nach Gott in sich" sprach Papst Franziskus die folgenden Worte:

> "Das Verlangen Gottes ist in das Herz des Menschen eingeschrieben, weil der Mensch von Gott geschaffen wurde. Gott hört nicht auf, den Menschen für sich zu gewinnen. Nur in Gott findet der Mensch die Wahrheit und das Glück, das er sucht, ohne aufzuhören.

Diese Aussage mag im Kontext der säkular-isierten westlichen Kultur als Provokation er-scheinen. Viele Zeitgenossen mögen ein-wenden, dass sie das Verlangen Gottes über-haupt nicht fühlen. Für große Teile der Gesell-schaft ist Gott nicht länger "das Erwartete", "das Gewünschte". Für sie ist Gott eine Re-alität, die einen gleichgültig lässt.

Aus dieser Sicht bleibt das Rätsel bestehen. Der Mensch sucht das Absolute mit kleinen und unsicheren Schritten. Die Erfahrung des heiligen Augustinus, genannt "unruhiges Herz", ist jedoch von großer Bedeutung. Es bestätigt uns, dass der tiefe Mensch ein religiöses Wesen ist ".

Meditation und Gebet

Dieses Buch enthält viele Anreize, um die Suche nach "Gott" zu fördern, unabhängig von seinem Namen und durch die Anbetung, Religion oder Philosophie, die ge-wünscht werden.

Es gibt zwei Hauptmethoden: Meditation und Gebet.

Die in der orientalischen Kultur am weitesten ver-breitete Methode ist die Meditation. Meditation ist eine Übung, die darauf abzielt, die mentale Aktivität besser zu beherrschen. Wer meditiert, isoliert sich von allen "Hin-tergrundgeräuschen" des Alltags, um inneren Frieden zu finden. Der Begriff Meditation bezeichnet die "Konzen-tration des Geistes in einem einzigen Punkt". Diese

Praxis wird genauer gesagt "reflektierende Meditation" genannt.

Stattdessen bedeutet der Begriff "Kontemplation" den "Rest des Geistes" in seinem natürlichen Zustand, dh in völliger Abwesenheit von Gedanken. Diese Praxis wird genauer "empfängliche Meditation" genannt.

In der Theorie ist Meditation eine Praxis der Selbstverwirklichung, ohne religiöse Zwecke. Tatsächlich ist es fast immer mit spirituellen oder philosophischen Zwecken verbunden. Meditation in verschiedenen Formen ist ein wesentlicher Bestandteil aller wichtigen religiösen Traditionen.

Der erste schriftliche Hinweis auf Meditation im religiösen Bereich findet sich in den heiligen hinduistischen Schriften des 9. Jahrhunderts v. Chr., Den "Upanishaden". Hier wird Meditation als "dhyāna" bezeichnet.

Im Yoga begünstigt die Praxis des Dhyāna die Erfahrung des Sehens. Diejenigen, die eine höhere Ebene erreicht haben, können "Erleuchtung" erreichen, dh die Offenbarung der "allgegenwärtigen Göttlichkeit".

In der Yoga-Praxis heißt es nicht, dass "der Geist meditiert". Es wird gesagt, dass sich der Geist im Dhyāna befindet, das heißt im "Zustand der Meditation".

Im Westen ist das Gebet die wichtigste Methode, sich auf Gott zu beziehen. Das Gebet kann oft eine Wiederholung vorher festgelegter Formeln sein. In anderen Fällen entsteht das Gebet frei und spontan aus der Seele.

Gott (der Heilige Geist) regiert das Universum und bereitet alles vor, damit der Mensch leben kann. Das Wirken des Geistes erstreckt sich auf die Bedürfnisse des Einzelnen. Es ist ein allgemeines Gefühl, dass der Geist in jedermann nahe und gegenwärtig ist. Deshalb empfängt der Geist mit Sicherheit die Gebete, die an ihn gerichtet sind. Das Gebet ist jedoch nicht als "Bitte", sondern als "Dialog" zu verstehen.

Eine der schönsten Entscheidungen im Bereich der charismatischen Bewegungen ist es, auf das klassische Gebet der Bitte zu verzichten, um das Gebet des Lobes zu begünstigen. Der Betende fragt nichts, weil Gott seine Bedürfnisse kennt. Er preist Gott, weil er existiert. Er dankt Gott, weil er ihm mit Sicherheit ein glückliches Schicksal bereitet.

In diesem Fall ist das Gebet, wie erwähnt, vor allem der Dialog. Anerkennung und Lob steigen nach oben und gleichzeitig sinken Gelassenheit und Trost auf die Person, die betet.

In diesem Dialog sollten wir nicht erwarten, dass Gott durch eine Stimme spricht, die ins Ohr kommt. Alle Religionen haben immer behauptet, dass die Göttlichkeit durch "Zeichen" spricht.

In einem Interview sagte der berühmte italienische Sänger Roberto Vecchioni:

> "Gott sendet mir immer stärkere Botschaften. Ich verstehe einige Anzeichen nicht. Aber ich habe die Gewissheit, dass nichts zufällig ist und dass alles verursacht wird. Der Anfang der Dinge mag kein einfacher "Knall" gewesen sein. Die Grundlage des Glaubens ist, dass es einen Grund gibt ".

In der Tat sendet uns jemand "göttliche Zeichen". Wer auch immer es ist, er geht offensichtlich davon aus, dass

wir sie verstehen können. In den Evangelien lesen wir
Sätze wie diese:

> "Sieh dir den Feigenbaum und alle Pflanzen
> an. Wenn die Triebe geboren sind, verstehe
> selbst, dass jetzt der Sommer nahe ist. "
> *(Lk 21, 29 & ndash; 31).*
> "Wenn es Abend ist, sagst du:" Gutes Wetter,
> der Himmel ist rot. Am Morgen sagen Sie: -
> Heute wird es stürmisch, weil der Himmel dun-
> kelrot ist. Sie wissen also, wie Sie das Er-
> scheinungsbild des Himmels interpretieren.
> Warum weißt du nicht, wie man die Zeichen
> der Zeit interpretiert? "
> *(Mt 16, 2-3).*

Sehr oft kommen die Zeichen in Form von Synchronizität vom Himmel zu uns, wie wir im vorherigen
Kapitel gesehen haben.

Synchronizität ist ein weltliches Konzept, das sich perfekt in den religiösen Kontext himmlischer Prophezei-
ungen und Kommunikationen einfügt.

Die Synchronizitäten kommen unerwartet und sollten
nicht als Antwort auf unsere Gebete verstanden werden,
wenn wir etwas gebetet hatten.

Stattdessen sind die Synchronizitäten als Botschaften
von "Jemandem" zu verstehen, der zuerst das Wort er-
greift und uns etwas Nützliches sagen möchte. Synchronizitäten sind insbesondere für den Empfänger verständlich. Tatsächlich sind sie im persönlichen Unbewussten
wirksam, dh im intimsten Teil des Bewusstseins.

Wer sich daran gewöhnt, Synchronizitäten zu erkennen und entziffern zu können, eröffnet einen Kanal der privilegierten Kommunikation mit dem Geist der Welt.

Die größte Schwierigkeit bei der Entschlüsselung von Synchronizitäten besteht darin, dass sie gnadenlos aufdecken, was wir sind. In Wirklichkeit heben Synchronizitäten unser Elend und unsere Schwächen hervor.

Oft erkennen wir uns auf diesen gnadenlosen Fotografien nicht wieder und kommen zu dem Schluss, dass diese Botschaften uns nicht betreffen. Zu oft beurteilen wir uns selbst besser als wir sind.

Es ist wahr, dass das Universum für den Menschen geschaffen wurde. Der Mensch sollte jedoch demütig vor dem Mysterium seiner Göttlichkeit stehen, das durch das sterbliche Fleisch verdorben ist.

Vielleicht gibt es in dieser Korruption keine Schuld, nur die Notwendigkeit. Die Seele muss sich in der Materie begründen, um zu existieren.

Du musst dich demütig diesem Schritt unterziehen.

Im Tao können wir diese Maxime lesen:

> "Der Weise will seine Überlegenheit nicht beweisen."

Der Mann, der sich bereit erklärt, demütig gekleidet zu sein, wird von der Hand genommen und zu seinem gebührenden Ruhm begleitet.

Jesus erinnert uns im Diskurs über die Seligpreisungen daran:

"Selig die Demütigen, denn ihnen gehört das Himmelreich" *(Mt 5,3)*

Anhang 1. Weiler

Hamlet (Die Tragödie von Hamlet, Prinz von Dänemark), wahrscheinlich zwischen 1600 und 1602 geschrieben, ist eines der berühmtesten dramaturgischen Werke der Welt und in fast alle existierenden Sprachen übersetzt. Der berühmte Hamlet-Monolog "Sein oder Nichtsein" ist die repräsentativste Szene der Arbeit und sicherlich der Ausgangspunkt und ein Prüfstand für die Hauptdarsteller.

Fast immer wird dieser Teil der Tragödie außerhalb der Bühnen zitiert, wobei Hamlet einen Schädel in der Hand hält. Dies ist jedoch ein Fehler: Die Totenkopfszene befindet sich im letzten Teil des Dramas (Akt V) und hat nichts mit "Sein oder Nichtsein" zu tun, das sich im zentralen Teil befindet (Akt III). .

Die Tragödie spielt im mittelalterlichen Schloss Helsingör in Dänemark.

Hamlet wird oft als philosophischer Charakter wahrgenommen, mit Tendenzen, die wir heute dem Relativismus, der Skepsis oder sogar dem Existenzialismus zuschreiben könnten.

Zum Beispiel erklärt Hamlet einen relativistischen Gedanken, als er an Rosencrantz gerichtet feststellt: "Es gibt nichts, was gut oder schlecht ist, aber es ist der Gedanke des Menschen, der die Dinge gut oder schlecht macht."

Die Idee, dass nichts als der Verstand des Individuums real ist, stützt sich auf den griechischen Sophismus. Die Sophisten argumentierten, da alles nur über die Sinne wahrgenommen werden kann und jeder die Dinge anders wahrnimmt, gibt es keine absolute Wahrheit: Es gibt nur relative Wahrheiten.

Die Charaktere

Hamlet: Er ist der Protagonist der Tragödie und Prinz von Dänemark, Sohn von Königin Gertrud und des verstorbenen Königs Hamlet. Der König hatte den gleichen Namen wie sein Sohn.

Claudio: ist der derzeitige König von Dänemark, Hamlets Onkel und sein Widersacher; Er ist ein ehrgeiziger Politiker, getrieben von einem Durst nach Macht und ohne Skrupel.

Gertrude: Königin von Dänemark und Mutter von Hamlet, jetzt verheiratet mit Claudio.

Polonius: Kammerherr von Helsingör, Vater von Laertes und Ophelia.

Ophelia: Tochter von Polonius, in den Hamlet verliebt war.

Laertes: Sohn von Polonius und Bruder von Ophelia.

Horace: ein Freund von Hamlet, einem Kommilitonen der Universität Wittenberg.

Fortebraccio: Prinz von Norwegen, dessen Vater von Hamlets Vater getötet wurde. Er will Dänemark aus Rache angreifen.

Der Geist des Königs: Das Gespenst von Hamlets Vater behauptet, von Claudius ermordet worden zu sein.

Rosencrantz und Guildenstern: zwei Höflinge, ehemalige Freunde von Hamlet, die von Gertrude und Claudio gerufen werden, um den Grund für das seltsame Verhalten von Hamlet herauszufinden.

Voltimand und Cornelius: Botschafter.

Marcello und Bernardo: die beiden Wachen, die zuerst den Geist des Souveräns sehen.

Reynaldo: Polonios Diener.

Die Handlung der Tragödie

Im 16. Jahrhundert sprechen Marcello und Bernardo an den Mauern der dänischen Hauptstadt Helsingör von einem Geist. Orazio kommt auch, der gerufen wurde, um über das seltsame Phänomen zu wachen.

Das Gespenst erscheint kurz nach Mitternacht und Orazio bemerkt sofort die Ähnlichkeit des Spektrums mit König Hamlet, der kürzlich verstorben ist. Der Gespenst verschwindet. Orazio erzählt Marcello, dass Fortebraccio an den Grenzen Norwegens eine Armee aufstellt. Mit dieser Armee will er einige Gebiete zurückerobern. Dies sind die Länder, die Fortebraccios Vater im Zweikampf mit Hamlet verloren hat.

Die Szene wechselt in den königlichen Rat. Anwesend sind König Claudius, Königin Gertrud, Hamlet, Polonius, sein Sohn Laertes, die beiden Botschafter Cornelius und Voltimando. Das Thema des Treffens ist die Frage von Fortebraccio. Die Anwesenden beschlossen, die beiden Botschafter des norwegischen Königs zu Verhandlungen zu entsenden. Laertes bittet König Claudius, nach Frankreich abreisen zu dürfen, und der König gewährt es ihm.

Horace erzählt Hamlet die Erscheinungen eines Geistes, der seinem Vater ähnelt. Die beiden beschließen, sich am Ort der Erscheinungen zu treffen.

Der Geist erscheint wieder und bittet, mit Hamlet allein zu sprechen. Weiler erkennt, dass es der Geist des Vaters ist. Als sie alleine sind, verrät der Geist Hamlet, dass seine Frau Gertrude und Claudio ihn schon lange betrogen haben.

Eines Nachmittags, als der König im Garten schlief, tötete Claudio ihn, indem er ihm ein tödliches Gift auf der Basis von Henbane ins Ohr schüttete. Am Ende der tragischen Geschichte bittet der Geist Hamlet, ihn zu rächen.

Als er zu Horace und Marcello zurückkehrt, verrät Hamlet den Inhalt des Treffens nicht, er bringt Freunde dazu, zu schwören, mit keiner der Erscheinungen zu sprechen.

Nach den schrecklichen Enthüllungen wird Hamlet immer mehr in sich geschlossen. Claudio und Gertrude rufen Rosencrantz und Guildenstern am Hof an, die zwei von Hamlets Freunden an der Universität waren.

Claudio bittet die beiden, die Melancholie des Prinzen zu untersuchen.

Die beiden unterhalten sich lange mit Hamlet und enthüllen im Namen der alten Freundschaft den Grund für ihr Kommen. Sie versuchen jedoch, den Prinzen von seiner Melancholie abzulenken, indem sie die Ankunft einer Theaterkompanie ausnutzen.

Diese Neuheit begeistert Hamlet, nicht so sehr für die Freizeit, sondern weil ihm die Theateraufführung die Möglichkeit bietet, einen Plan in die Tat umzusetzen.

Mit seinem Plan will Hamlet den Zweifel lösen, der ihn verfolgt. Er möchte sicher sein, dass der Geist sein Vater ist und dass die erhaltenen Enthüllungen wahr sind.

Rosencrantz und Guildenstern werden vom König zurückgerufen, um herauszufinden, ob sie etwas über die Hamlet-Krise herausgefunden haben. Polonius ist auch beim Interview anwesend. Die beiden können die Ursache der Traurigkeit des Prinzen nicht erklären. Polonius stellt die Hypothese auf, dass Hamlets Traurigkeit von Ophelias Distanz herrührt.

Hamlet kommt auf die Szene. Claudio und Gertrude entlassen Rosencrantz und Guildenstern und verstecken sich dann zusammen mit Polonio. Nur Hamlet und Ophelia sind noch am Tatort.

Hamlet ist jedoch schockiert über die Enthüllungen des Spektrums und behandelt die arme Ofelia schlecht. Das Mädchen erinnert ihn an die alten Liebesversprechen, aber Hamlet rät ihr, Nonne zu werden.

Claudio vermutet nachdrücklich, dass Hamlet etwas von seinen Verbrechen erraten hat, und beginnt, ein Projekt auszuarbeiten, um ihn nach England zu schicken.

In der Zwischenzeit stimmt Hamlet mit den Schauspielern der Theatergruppe überein, ein Drama darzustellen, "Die Ermordung von Gonzago". Diese Darstellung erinnert an die Ereignisse, die vom Spektrum erzählt werden. Während des Spiels wird Hamlet Claudios Reaktionen beobachten. Wenn der König verärgert ist, bedeutet dies, dass die Anschuldigungen des Phantoms begründet waren.

Der Plan ist erfolgreich. Während der Vergiftungsszene verlässt der König das Theater im Zorn. Auch Gertrude ist verärgert und bittet Hamlet in sein Zimmer, ihn um Erklärungen zu den Gründen für diese Aufführung zu bitten.

Die Königin stimmt Polonio im Voraus zu. Polonius wird sich im Zimmer der Königin verstecken, um dem König die Worte des Interviews zu melden.

Leider merkt Hamlet im Gespräch mit seiner Mutter, dass jemand heimlich zuhört. Hamlet glaubt, er sei Claudio und tötet ihn, indem er "eine Maus, eine Maus" ruft. Dann nimm den Körper weg, um ihn schnell zu begraben.

Ofelia erfährt den Tod ihres Vaters Polonius. Dieser Schmerz, der zu der amourösen Enttäuschung über Hamlets Ablehnung hinzukommt, versetzt sie in einen Zustand tiefen Wahnsinns.

Hamlet trifft auf dem Weg nach England auf die Armee von Fortebraccio, die dänisches Territorium erobert.

Die Soldaten sagen ihm, dass das Territorium, in das sie unterwegs sind, halbwüstenartig und aus strategischer Sicht nutzlos ist. Fortebraccio will diese Gebiete nur aus Ehrengründen erobern.

Laertes, Sohn von Polonius und Bruder von Ophelia, glaubt, dass sein Vater von Claudius getötet wurde. Er sammelt eine Armee, stellt sich dem König vor und beschuldigt ihn des Todes seines Vaters. Nach einem langen Gespräch mit Ofelia schafft es der König, Laerte die ganze Wahrheit zu erklären.

In der Zwischenzeit erhält Horace einen Brief, in dem die bevorstehende Rückkehr von Hamlet angekündigt wird.

Dann schlägt Claudio Laerte vor, Hamlet zum Duell herauszufordern. Er schlägt jedoch vor, eine Falle zu stellen. Hamlets Schwert wird abgestumpft, und Laertes Schwert wird in ein tödliches Gift getaucht. Zusätzlich wird eine Tasse vergifteter Wein zubereitet. Laerte stimmt zu.

Ofelia, völlig verrückt, begeht Selbstmord, indem sie sich in einen See wirft. Die Szene beginnt mit zwei Totengräbern, die die Ophelia-Grube ausheben.

Hamlet fragt sich, welche Adlige begraben werden wird. Als er merkt, dass es Ophelia ist, rennt er auf seinem Sarg herum.

Laerte beleidigt ihn und fordert ihn zum Zweikampf auf. Am nächsten Tag wird Hamlet für die Herausforderung in das Zimmer des Königs gerufen.

Das Duell beginnt. Die Königin bittet um ein Getränk, aber die Tasse mit dem vergifteten Wein wird ihr serviert. In der Zwischenzeit tauschen die Duellanten mehrmals die Schwerter aus, so dass sich beide mit dem vergifteten Schwert verletzen.

Die Tragödie endet. Die erste, die stirbt, ist Königin Gertrud. Laertes, der es bereut, Claudios unedlem Plan beigetreten zu sein, enthüllt Hamlet alles und stirbt. Weiler, im Griff der Wut, schlägt Claudio mit dem vergifteten Schwert. Schließlich stirbt sogar Hamlet.

Glossar

Acausal Nexus Verbindung zwischen zwei Ereignissen, die miteinander verbunden sind, aber nicht kausal, das ist nicht so,dass daseine materiellauf das andere einwirkt.

Alchemy Altes esoterisches philosophisches System, das sich in verschiedenen Disziplinen wie Chemie,Physik, Astrologie, Metallurgie und Medizin ausdrückt. Alchemisches Denken wird von vielen als Vorläufer der modernen Chemie angesehen.

Alter Salbei (Archetyp) Prägung des spirituellen Prinzips. In der-Regel begegnet der Einzelne einem solchen Archetyp in kritischen Situationen des eigenen Lebens, wenn er schwierige Entscheidungen treffen muss.

Altsteinzeit Periode, die durch den Bau unddie Verwendung von Steinwerkzeugen mit immer raffinierteren Arbeiten gekennzeichnet ist, und die den Anfang desmetaphysischen Denkens und des Totenkults im Menschen sieht.

Analytische Psychologie Untersuchungsmethode der Tiefenforschung desSchweizer Analytikers Carl Gustav Jung .

Anthropic Prinzip Im physischen und kosmologischen Bereich besagt das anthropische Prinzip, dass wissenschaftliche Beobachtungen aufgrund unserer Existenz als Beobachter Beschränkungen unterliegen.

archetyp Im philosophischen Bereich bezeichnet der Begriff die vorbestehende und primitive Form eines Gedankens (zum Beispiel die platonische Idee). In der analytischen Psychologie wird der Begriff von Jung und anderen Autoren verwendet, um die angeborenen und vorbestimmten Ideen des menschlichen Unbewussten anzuzeigen.

atom Das Atom ist eine Struktur, in der die Materie normalerweise in der physischen Welt organisiert ist. Atome werden durch subatomare Bestandteile wie Protonen, Neutronen und Elektronen gebildet. Mehr Atome bilden Moleküle.

bewußtlos Alle geistigen Aktivitäten, die nicht auf das Gewissen eines Einzelneneingehen.

bewusstsein Die unmittelbare Fähigkeit, die Tatsachen, die im Bereich derindividuellen Erfahrung auftreten oder sich in mehr oder weniger naher Zukunft vorstellen, zu bewerten. In der gemeinsamen Sprache, die moralische Einschätzung des eigenen Handelns.

Bilokation Fähigkeit eines Körpers, gleichzeitig an zwei oder mehr verschiedenen Orten präsent zu sein.

Blasen-Universum *Siehe Multiversum*

Buddhismus Eine der ältesten und am weitesten verbreiteten Religionen der Welt, entstanden aus denLehren der indischen Wanderroute Asket Siddhārtha Gautama (VI °, V ° sec. B.C.).

Casimir-Effekt Die Anziehungskraft, die zwischen zwei ausgedehnten Körpern ausgeübt wird, die sich aufgrund des Vorhandenseins des Nullpunkt-Quantenfelds im Vakuum befinden. Der Casimir-Effekt beruht auf der

Energie des Vakuums. Diese Energie wird durch virtuelle Partikel bestimmt, die aufgrund von Schwankungen kontinuierlich erzeugt werden.

Chandrasekhar-Grenze Nicht rotierende Massenbegrenzung, die dem Gravitationskollaps entgegenwirken kann, getragen durch den Druck der Degeneration der Elektronen.

Das Prinzip der Überschneidung von Staaten Das Prinzip besagt, dass, genau wie die Wellen der klassischen Physik, zwei oder mehr Quantenzustände zusammengefasst werden können ("Überlappung"), und das Ergebnis wird ein weiterer gültiger Quantenzustand sein.

Determinismus Philosophische Vorstellung einer deutlich mechanistischen Natur, nach der jedes Phänomen oder Ereignis der Gegenwart notwendigerweise durch ein Phänomen oder Ereignis bestimmt wird, das in der Vergangenheit geschah.

Doppelter Schlitz-Experiment 1805 von Thomas Young entworfen. Stellt den Schlüssel zum Verständnis der Quantenmechanik dar.

Dualismus Vorhandensein von zwei Grundprinzipien, in wechselseitigem Verhältnis von Komplementarität oder Opposition.

Dunkle Energie DieDunkle Energie ist eine hypothetische Form der Energie, die nicht direkt nachweisbar ist, homogen im Raum diffundiert.

E = MC2 Die Formel E = MC2 ist die Relativitätstheorie, am Übergang zwischen zwei Referenzsystemen in relativer Bewegung. E es istdieEnergie, m die Masse eines Körpers, c die Lichtgeschwindigkeit (300000 Km/s).

Eine Anleitung für die Perplexen	Das geistlicheTestament des deutschen Ökonomen und Philosophen E. F. Schumacher (1911-1977), vermeintlicher Vater der"Entwuchsbewegung."
Entelechy	Aristoteles Begriff, um die Realität zu bezeichnen, die das volle Maß der Entwicklung erreicht hat.
Entropie	Messung der ungeordnet, die in einem beliebigen physikalischen System erzeugt wird..
EPR, Paradox oder Experiment	Ein ideales Experiment, das 1935 von Einstein, Podolsky und Rosen vorgeschlagen wurde, um zu zeigen, dass die Quantenmechanik nicht als vollständige physikalische Theorie angesehen werden kann und dass es verborgene, unbekannte Variablen geben sollte, die sie vervollständigen können.
Es	Nach Sigmund Freuds psychoanalytischer Theorie, jener intrapsychoischen Instanz, die "die Stimme der Natur in derSeeledes-Menschenrepräsentiert." Es enthält die pulsierenden Schubschrauben des erotischen (Eros) Charakters, aggressiv und selbstzerstörerisch.
Esse est Percipi	Von George Berkeley geprägtes Motto: *Sein heißt wahrgenommen werden.*
Extrasensoriale	Es wird extrasensorische Wahrnehmung oder ESP (*Extra-Sensory Perception*) Jede hypothetische Wahrnehmung genannt, die nicht den fünf Sinnen zugeschrieben werden kann.
Fermions	So zu Ehren von Enrico Fermi gerufen. Das sind die Partikel, die der Fermi-Dirac-Statistik folgen und daher mit einer halbvollen Drehung ausgestattet sind (1/2, 3/2,5/2 ...) .

Fibonacci-Serie — Die Nachfolge positiver Ganzzahl, bei der jede Zahl, die mit der dritten beginnt, die Summe der beiden vorhergehenden ist, und die ersten beiden sind per Definition gleich 1. Es wird durch die Zahlen dargestellt: 1, 1, 2, 3, 5, 8, 13, 21, 34, 55 usw.

Fundamentale Wechselwirkungen — In der Physik sind die fundamentalen Wechselwirkungen oder fundamentalen Kräfte die Kräfte der Natur, die es erlauben, die physikalischen Phänomene zu beschreiben. Vier wurden identifiziert: DieGravitationsinteraktion, dieelektromagnetische Interaktion, dieschwache nukleareInteraktion und diestarke nukleare Interaktion.

Goldene Sektion — Die ästhetischste Beziehung zwischen den Seiten eines Rechtecks, die durch die Zahl 1, 6180339887 angezeigt wird.

Große Mutter (Archetyp) — In jedem von uns - Mann oder Frau, es macht keinen Unterschied - lebt der Archetyp der Großen Mutter. In der Psychologie von Jung ist die Große Mutter eine der numinösen Kräfte des Unbewussten, ein Archetyp von großer und ambivalenter Kraft, gleichzeitig destruktiv und rettend, pflegend und verschlingend.

Heisenbergs unbestimmtes Prinzip — Es ist nicht möglich, gleichzeitig und mit äußerster Genauigkeit die Eigenschaften zu messen, die den Zustand eines Elementarteilchens bestimmen. Wenn wir zum Beispiel die Position mit absoluter Präzision bestimmen könnten, hätten wir maximale Unsicherheit über seine Geschwindigkeit.

hertz — Der Hertz (*Symbol Hz*)istdieMaßeinheit des internationalen Frequenzsystems. Ihren Namen hat sie vom deutschen Physiker Heinrich Rudolf Hertz, der wichtige Beiträge zur Wissenschaft im Bereich desElektromagnetismus mitbrachte.

Höhlenmythos Der Mythos von Platons Höhle ist einer der berühmtesten Mythen oder Allegorien des Athener Philosophen, erzählt zu Beginndes Buches Settimo de *La Repubblica*.

hologramm Fotografische Platte oder Film, die das dreidimensionale Bild eines Objekts wiedergeben, das durch die Technik derHolographie gewonnen wurde.

I (Ego) In der Psychologie stellt sie eine psychisch organisierte und relativ stabile Struktur dar, die mit dem Kontakt und den Beziehungen zur Realität verbunden ist, sowohl intern als auch extern.

Identifikationsprozess Konzept des Schweizer Psychiaters Carl Gustav Jung in den 20er Jahren. Es zeigt den psychischen Prozess, einzigartig und unwiederholbar, jedes Individuums, dasinder AnnäherungdesSelbst mit sich selbst besteht.

Immaterialismo Begriff, der vom irischen Philosophen-Theologen George Berkeley (1685-1753) geprägt wurde, um seine Doktrin zu definieren,die dieExistenz der Materie leugnet.

Implizite Ordnung und explizite Ordnung David Böhms Theorie der Existenz im Universum einer impliziten Ordnung (implizite Ordnung), die wir nicht wahrnehmen können, und einer expliziten Ordnung (explizite Ordnung), die wir als Ergebnis der Interpretation wahrnehmen, die unsere Gehirn gibt die Wellen der Störung, die das Universum bilden.

Indeterminismus Philosophische Haltung, die sich dem Determinismus entgegenstellt.

instinkt Interne Schubkraft, angeboren und unveränderlich, um in einer bestimmten Weise zu handeln und zu verhalten. Obwohl esunabhängigvon Intelligenz ist, kann es durch dasselbe verändert, angepasst oder unterdrückt werden.

Interferenzform In der Physik ist dasPhänomen der Interferenz ein Phänomen, das auf die Überlappung von zwei oder mehr Wellenzurückzuführen ist.

Interpretation in viele Welten Diese Theorie drückt das Konzept aus, dass jedes Mal, wenn die Welt auf der Quantenebene vor einer Wahl steht, das Universum in zwei Teile geteilt wird.

Kausalität Prinzip, dass nichts in der Welt ohne einen entscheidenden Grund passiert.

Klassische Physik Alle Gebiete und Modelle der Physik, die die im Makrokosmos durch die allgemeine Relativitätstheorie und im Mikrokosmos durch die Quantenmechanik beschriebenen Phänomene nicht berücksichtigen.

Kollektives Unbewusste Konzept der analytischen Psychologie geprägt von Carl Gustav Jung. Im Gegensatzzum persönlichen Unbewussten wird sie von allen Menschen geteilt und leitet sich von ihren gemeinsamen Vorfahrenab.

Komplex In der Psychologie ist es eine Definition, die verwendet wird, um eine Reihe von Gefühlen mit Unsicherheiten und Ängsten in Bezug auf das betreffende Thema zu beschreiben und nicht durch Argumentation veränderbar.

Kosmische Inflation In der Kosmologieist die Inflation eine Theorie, die davon ausgeht, dassdas Universum kurz nach dem Urknall eine extrem schnelle Expansionsphase durchlaufenhat.

Kulturelle Synchronität Ein Ereignis, das ganze Zivilisationen und Millionen von Menschen betrifft.

Lebenswichtige Dynamik Ein Ausdruck, dervor allemauf dem Gebiet der französischen Kultur bekannt ist und in der Regel in der Parapsikologie und den Geisteswissenschaften verwendet wird.

libido Buchstäblich übersetzbar als Wunsch oder Voluptin. Es identifiziert einen zentralen Begriff der psychoanalytischen Theorie. Laut Freud zeigt esdendynamischen Ausdruck der sexuellen Impulse; laut Jung aber dievitale und schöpferische Energie des Instinkts.

lokalität, In der Physik besagt das Prinzip der Lokalität, dass entfernte Objekte keinen unmittelbaren Einflussaufeinander haben können: Ein Objekt wird direkt durch seine unmittelbare Nähe beeinflusst.

Makrophysische Realität Die, in der wir leben, anders als die mikroskopische Realität im Verhältnis zu den Dimensionen, die zu klein sind, um von unseren Sinnen geschätzt zu werden.

Mandala Begriff, der vor allem ein Objekt von "runder Form" odereine"Scheibe" anzeigen will, insbesondere in Bezug auf die Sonne oder den Mond. In der buddhistischen und hinduistischen religiösen Tradition, symbolische Darstellung des Kosmos, mit Fäden, die auf dem Rahmen gewebt sind oder mit Pulvern verschiedener Farben auf dem Boden, oder auf Tuch gemalt, oder auf den Wänden des Tempels gemalt.

Manichäismus

Radikal dualistische Religion: Zwei Prinzipien, Licht und Dunkelheit, unabhängig und gegensätzlich beeinflussen jeden Aspekt dermenschlichen Existenz und des Verhaltens .

Massenzahl

Gibt die Anzahl der Kerne (d.h. Protonen und Neutronen) an, die in einem Atom vorkommen.

materie

In der klassischen Physik, mit dem Begriff Materie, zeigt man generisch alles, was Masse hat und Raum einnimmt; Oder alternativ die Substanz, aus der die physischen Objekte zusammengesetzt sind, also die Energie ausschließen, die auf den Beitrag der Kraftfelder zurückzuführen ist.

Mentalmagie

Philosophische Konzeption, die dazu neigt, Wissensdaten auf reine Wahrnehmungen des Geistes zu reduzieren und dabei dieobjektiven Aspekte der physischen Erfahrung zu vernachlässigen.

Metaphysik

Philosophische Doktrin, die sich als die Wissenschaft der absoluten Realität präsentiert und versucht, eine Erklärung für die ersten Ursachen der Realität zu geben, unabhängig von einer Bestimmung der Erfahrung.

Mind uploading

Wiederherstellung und Übertragung des geistigen Erbes eines Individuums vom Alten auf einen neuen Körper.

Monismus

Der Monismus ist eine Vorstellungvom-Sein, die sich gegen die des Pluralismus oder öfter gegen die des Dualismus richtet.

Multiversum

Eine parallele Dimension oder ein Paralleluniversum ist ein hypothetisches Universum, das von unserem, aber mit ihm koexistenten, getrennt und sich unterscheidet; In den meisten Fällen, die man

	sich vorstellen kann, kann man es mit einem anderen Raum-Zeit-Kontinuum identifizieren. Diegesamte Paralleluniverse wird Multiversum genannt.
Mysterienreligionen	Das wichtigste Mysterienkult. Die berühmtesten Geheimnisse der griechischen Welt waren *Die eleusinen Geheimnisse,*verbunden mit dem Kult von Demeter und Persephone. Daneben sollen jene in Erinnerung bleiben, die mit dem Dionysos und Orpheus in den*orphischen Mysterien*und dem Kult des phrygischen Gottes Sabazio in Verbindung stehen; schließlich an die*Geheimnisse der Cabirs in* Samothraki .
mythologie	Dieganze phantastische oder religiöse Ausarbeitung einer bestimmten kulturellen Tradition.
Neoplatonismus	Interpretation von Platons Gedanken im hellenistischen Zeitalter. Um in sich einige andere Elemente der griechischen Philosophie zusammenzufassen, und werden die wichtigsten alten philosophischen Schulen aus dem dritten Jahrhundert.
neurose	Psychische Störung vorwiegend psychologischer Natur, die aus einem unbewussten Konfliktzwischen demIndividuum und derUmwelt resultiert.
Newtonsche Physik	*V. Klassische Physik*
Nicht-Standort	Das Niveau, in dem die physikalischen Prinzipien der Lokalität nicht mehr gültig sind.
Nigredo	In der Alchemie ist die Phase mit dem Schwarz des großen Werkes, der der Fäulnis und der Zersetzung, der erste Schritt auf dem Weg der Schöpfung des Stein der Weisen.

Nirvana	Ein Begriff, der auf einen Zustand des Glücks hinweist, genau der buddhistischen und jain Religionen, die späterauch im Hinduismus eingeführtwurden.
Nobelpreis	Eine Weltklasse-Auszeichnung für Menschen, die sich in den verschiedenen Wissensgebieten hervorgetan haben und der Menschheit für ihre Forschung, Entdeckungen und Erfindungen, für die literarische Arbeit und für ihr Engagement für den Weltfrieden "größeren Nutzen bringen"..
Notarkit	Hebräische Methode, um ein Wort abzuleiten, in einer Art und Weise, die der Schaffung eines Akronyms ähnelt, um sicherzustellen, dass jeder seiner ursprünglichenoder letzten Buchstabenein anderes Wort darstellen.
Numinous	Umgeben von einem Heiligenschein, der Angst und Ehrfurcht hervorruft.
Objektivität	Ideologische Darstellung, die der Realität, der objektiven Welt entspricht und damit nicht von einerTätigkeit des Gewissens abhängig ist.
Olomovimento	Begriff, der von Bohm geprägtwurde, um das Universum als ein dynamisches System in ständiger Bewegung zu beschreiben. Stattdessen bezieht sich der Begriff Hologramm meist auf einstatisches Bild.
Omega Point	Begriff, der vom Jesuitenwissenschaftler des Franzosen Pierre Teilhard de Chardin geprägt wurde, um die höchste Komplexität und das höchste Bewusstsein zu beschreiben, zudem sich das Universum zuentwickeln scheint.
Oort Cloud	Die Oort-Wolke ist eine kugelförmige Wolke aus Kometen, die in einem Abstand

zur Erde platziert werden, was etwa 2400 Mal der Entfernung zwischen Sonne und Pluto entspricht.

Opus alchemicum   Alchemisches Verfahren, um den Stein des Philosophen zu erhalten, der durch sieben Verfahren aufgetreten ist, unterteilt in vier Operationen: Fäulnis, Kalzinierung, Destillation und Sublimation, sowie drei Phasen: Lösung, Gerinnung und Färbung.

Ortstprinzip   Die Lokalität definiert den Bereich, in dem es Manifestationen von Energien und Ereignissen gibt, die durch die Gesetze der klassischen Physik begrenzt sind; In der lokalen Realität gibt es Kausalität oder Determinismus (jedes Ereignis wird durch ein vorheriges Ereignis bestimmt).

Parallele Größe   Eine parallele Dimension oder ein paralleles Universum ist ein hypothetisches Universum, das von unserem getrennt und verschieden ist, aber gleichzeitig existiert.

Parallele Universen   Eine parallele Dimension oder ein Paralleluniversum ist ein hypothetisches Universum, das von unserem, aber mit ihm koexistenten, getrennt und sich unterscheidet; In den meisten Fällen, die man sich vorstellen kann, kann man es mit einem anderen Raum-Zeit-Kontinuum identifizieren. Diegesamte Paralleluniverse wird Multiversum genannt.

paranormal   Begriff, der für Phänomene gilt, die den Gesetzen der Physik und wissenschaftlichen Annahmen widersprechen.

Person (Archetyp)   Einer der Jungian Archetypen, der seinen Namen aus dem Lateinischen ableitet, wo er die Bedeutung der "Maske des Schauspielers" hatund die Rolle anzeigt, die das

	Subjekt im sozialen Kontext, in dem es handelt, ausübt .
photon	Das Photon ist dasselbe *wie das elektromagnetische Feld,*historisch auch als Licht bezeichnet.
Pilotwelle	Interpretation der Quantenmechanik, postete David Bohm 1952. Es beinhaltet die Idee derPilotwelle, die von Louis de Broglie im Jahr 1927 ausgearbeitet wurde.
Planck-Konstante	Physikalische Konstante, diedie mögliche minimale Handlung darstellt. Sie stellt fest, dasssich die damit verbundenen grundlegenden physikalischen Energie und-mengen nicht kontinuierlich entwickeln, sondern quantisiert werden.
Prinzip der Komplementarität	In der Quantenmechanik heißt es, dass der doppelte Aspekt (Welle und Teilchen) einiger physikalischer Darstellungen atomarer und subatomarer Phänomene nicht gleichzeitig während desselben Experiments beobachtet werden kann.
Prinzip der Nicht-Lokalität	Prinzip der Quantenmechanik, nach dem subatomare Teilchen in der Lage sind, Informationen augenblicklich zu kommunizieren.
Probabilismus	Zwischendoktrin zwischen Dogmatismus und Skepsis, die behauptet, dass die objektiv sichere Kenntnis der Realität nicht möglich sei.
psychoanalyse	Begriff, der sich aus *Psycho*, Psyche, Seele und*Analyse*ergibt: Analyse des Geistes. Es ist die Theorie desUnbewussten der menschlichen Seele, auf der eine Disziplin gegründet ist, die als Psychodynamik bekannt ist, und eine damit verbundene psychotherapeutische Praxis, diedenAnfang von Sigmund Freud nahm, der Er hat sich

in die Nut der Werke von Jean-Martin Charcot und Pierre Janet eingefügt.

Psychologie der Form Die Psychologie der Gestalt (aus der deutschen *Gestaltpsychologie* , *Psychologie der Form*oder*Repräsentation*) ist ein psychologischer Strom, der sich mit den Themen der Wahrnehmung undder Erfahrung beschäftigt. .

quantenmechanik Physikalische Theorie, die das Verhalten der Materie, der Strahlung und der wechselseitigen Wechselwirkungen beschreibt, insbesondere im Hinblick auf die charakteristischen Phänomene der Längenskala oder der atomaren und subatomaren Energie.

Quantenphysik Physikalische Theorie, die das Verhalten von Materie und Strahlung und die wechselseitigen Wechselwirkungen beschreibt, insbesondere im Hinblick auf die charakteristischen Phänomene der subatomaren Ebene der Größenordnung.

Quantenpotenzial Parameter, der von David Bohmin die Schrödinger-Gleichung aufgenommen wurde. Das Quantenpotenzial wandelt die Quantenmechanik von der probabilistischen Theorie in die deterministische Theorie um.

Quantensprung Sofortige Veränderung eines Systems, das in sehr kleinem Maßstab stattfindet und zufällig gehalten wird. Zum Beispiel ein Elektron, das, in einem Energieniveau eines Atoms, augenblicklich in eine andere Energieniveau springt.

Quantentheorie *V. Quantenmechanik.*

Quanten-verschrän-kung	Bindung der fundamentalen Natur, die zwischen Teilchen besteht, die ein Quantensystem bilden. Es wird auch manchmal gesagt, Quantenkorrelation.
Quark	In der Physik sind die Grundbestandteile der hadronischen Materie, also aller beobachteten Teilchen, die starken Wechselwirkungen ausgesetzt sind.
Rad der Medizin	In der Kultur der amerikanischen Indianer wird das Rad der Medizin traditionell mit Steinen oder Stöcken gebaut, die auf den vier heiligen Richtungen des Raumes basieren.
Raumzeit	In der Physik für Raumzeit, oder Chronotops, bedeutet die vierdimensionale Struktur desUniversums. Durch eine eingeschränkte Relativität eingeführt, besteht sie aus vier Dimensionen: Der drei von Raum und Zeit.
Reduktionismus	Der Reduktionismus im Allgemeinen hält daran fest, dass die Institutionen, Methoden oder Konzepte einer Wissenschaft auf den kleinsten gemeinsamen Nenner oder auf die elementarsten Einheiten reduziert werden müssen.
Regelmäßige Tabelle der Elemente	Ein Schema, bei dem die chemischen Elemente anhand ihrer Atomzahl Z und der Anzahl der in den Atomorbitalen vorhandenen Elektronen sortiert werden.
reinkarnation	Zyklische Auferstehung, die mit der Erlangung der Vollkommenheit gipfelt.
Relativitätstheorie	Die von Albert Einstein formulierte Relativitätstheorie, zunächst in ihrer engen und dann in der allgemeinen, veränderten die Theorie der galiläischen Relativität grundlegend und änderte unser Konzept von Zeit und Raum. So überraschend Einsteins

	Vorhersagen auch sein mag, sie haben zahlreiche Bestätigungen erzielt.
republik	Die *Republik ist*einphilosophisches Werk in Form eines Dialogs, der einen enormen Einfluss auf das westliche Denken hatte, das etwa zwischen 390 und 360 v. Chr. vom griechischen Philosophen Platon geschrieben wurde.
Res cogitans e res extensa	Mit *Res Cogitans meinen* wir die psychische Realität, der Descartes folgende Qualitäten zuschreibt: Inextension, Freiheit und Bewusstsein. Die*res extensa* ist stattdessen die physische Realität, die ausgedehnt, begrenzt und unbewusst ist.
ringautobahn	Wellenfunktion, die das Verhalten eines Elektrons in einem Atom beschreibt.
Rubedo	Die letzte Phase des großen Werks, die "Rote eine". Es ist die endgültige Erfüllung der chemischen Transmutationen, die in der Verwirklichung des Stein der Weisen und der Umwandlung der abscheulichen Metalle in Gold gipfeln.
sage	Erzählung mit Heiligkeit im Verhältnis zu den Ursprüngen der Welt oder zu den Wegen, wie die Welt selbst oder Lebewesen die heutige Form erreicht haben.
Samsara	In den ReligionenIndiens wie Brahmanismus, Buddhismus, Jainismus undHinduismus weist sie auf die Doktrin hin, die dem Kreislauf von Leben, Tod und Wiedergeburt innewohnt.
Schamanismus, Schamane	Mit dem Begriff Schamanismus wird in der Geschichte der Religionen, in der kulturellen Anthropologie und Ethnologie eine Reihe von Überzeugungen, religiösen

	Praktiken, magischen Ritualen oder ekstatischen Techniken in verschiedenen Kulturen und Traditionen angegeben.
Schatten (Archetyp)	Mächtige Archetyp, Behälter von allem, was wir im Guten und von allem, was wir im Bösen erhalten haben, vermisst haben. Es ist also unser Feind,der Antagonist, was in Märchen als "Bösewicht" erscheint und das oft in Form eines Monsters, Drachen oder Dämons dargestellt wird.
Sebst	Kern der Persönlichkeit, mit dem Pronomen einer dritten Person einzeln angegeben,um sie vom Ego zu unterscheiden, das heißt von seinem reflektierten Bild, in dem sich das Bewusstsein normalerweise identifiziert.
Seele der Welt	Es ist ein philosophischer Begriff, der von den Platonionen verwendet wird, um die Vitalität der Natur in ihrer Gesamtheit zu zeigen, assimiliert an einen einzigen lebenden Organismus.
Seele und Animus	Archetypen mit hohem Doppelgehalt. Jeder Archetyp enthält einen Aspekt des Lebens und sein Gegenteil, so dass klar ist, dass beide ihren eigenen Wert haben. Männer projizieren das Bild der Seele auf Frauen. Bei Frauen wird der entsprechende Archetyp, der Animus, auf Männer projiziert.
Sinneszufälle	Begriff von denen, die nicht über bedeutende Zufälle oder Synchronizität sprechen wollen, nach der Konzeption Junghiana verwendet.
Sofisti	Meister der zeitgenössischen Tugenden von Sokrates und Platon, die beauftragt wurden, ihre Lehren zu spenden

Spin

In der Quantenmechanik ist die Drehung (im wahrsten Sinne des Wortes "wirbelndes Gyrus" im Englischen) eine Größe oder Quantenzahl, die mit den Teilchen in Verbindung gebracht wird, die sie zur Definition des Quantenzustandesbeiträgt. Der Dreh ist eine Form von Winkelimpuls.

String-Theorie

Theorie, noch in der Entwicklung, die versucht, die Quantenmechanik mit der allgemeinen Relativität in Einklang zu bringen, und die hoffentlich eine Theorie ganz bilden kann.

S̲ubatomare Ebene

Ebene, in der du kleinere Dimensionen hast als diedes Atoms, oder die sich auf die Bestandteile desAtoms bezieht, wie Elektronen, Neutronen usw.

Subatomare, subatomare Ebene

Stufe der Elementarteilchen, unterhalb der Größe des Atoms.

Subjektivität

Persönliche Vision von Werten, von einem Urteil, von einer Kritik.

Super-Ego

Nach Freud deutet eine der drei Instanzen an, die zusammen mit dem Es und dem Ich das Strukturmodell des psychischen Apparats bilden. Es entsteht aus der Internalisierung von Verhaltenskodizes, Verboten, Verfügungen, Wertschemata (gut / schlecht; richtig / falsch; gut / schlecht; angenehm / unangenehm), die das Kind in der Beziehung mit dem Paar der Eltern umsetzt.

supernova

Eine Supernova ist einestellare Explosion. Supernovae sind sehr hell und verursachen Strahlenemissionen, die die einer ganzen Galaxie übersteigenkönnen.

symbol

Das Symbol ist ein Element der Kommunikation, das Inhalte von idealer Bedeu-

	tung ausdrückt, von denen es zum Unterzeichner wird. Normalerweise ist das Symbol etwas, das an der Stelle von etwas anderem steht.
Synchronizität	Konzept, das der Psychoanalytiker Carl Gustav Jung 1950 theoretisierte und als "Prinzip der akausalen Verbindungen" definierte. Es besteht in einer Verbindung zwischen zwei Ereignissen, die miteinander verbunden sind, aber nicht kausal, das ist nicht so, dass das eine auf dasandere wesentlich beeinflussthabenkann.
Taoismus	Eine Reihe philosophischer und mystischer Doktrinen, die von chinesischen Denkern in der ESA formuliert wurden. IV ° und III ° B.C.
Temurah	Methode, mit der die Kabalisten die Worte und Phrasen der hebräischen Bibel aufräumen, um das esoterische Substrat und die spirituelle Bedeutung abzuleiten.
Tetraktys	Die Tetraktys oder Quaternärenzahl repräsentierten für den Pythagorean die arithmetische Abfolge der ersten vier natürlichen Zahlen, genauer gesagt positive Integer.
theologie	Studium der Natur, desWesens, der Eigenschaften und Manifestationen Gottes.
Theorie M oder Muttertheorie	Noch unvollständige Theorie, die versucht, die fünf Superstringtheorien und die elfdimensionale Supergravitation einschließlich der vier fundamentalen Wechselwirkungen mathematisch zu kombinieren, um eine mögliche Theorie des Ganzen darzustellen.
Theosophische Reduktion	Methode, für die alle Zahlen auf eine einstellige Zahl von 1 bis 9 zurückverfolgt werden können.

Transhumanismus   Kulturelle Bewegung, diesich für den Einsatz von Wissenschaft und Technologie einsetzt, um die körperlichen und geistigen Fähigkeiten des Menschen zu erhöhen.

Transzendenten   Nicht auf die Bestimmungen der Erfahrung zurückzuführen,da sie unabhängig von der Wirklichkeit, von der sie auch die Annahme ist, lebt.

Upanishad   In Sanskrit, "arkane Doktrinen, geheim". Bezeichnung einer Reihe philosophisch-religiöser TexteIndiens, diezurletzten Phase der vedischen Periode gehören.

Urknall   Kosmologisches Modell,das auf derVorstellung basiert, dasssichdas Universum in einer genau definierbaren Zeit der Vergangenheit mit sehr hoher Geschwindigkeit zu erweitern begann und dass dieser Prozess immer noch fortgeführt wird.

Vierter ausgeschlossen Über die drei klassischen Gesetze der Physik hinaus: Zeit, Raum, Kausalität, Jung und Pauli theoretisierten die "vierten Ausgeschlossenen", also die Synchronizität.

Vitalismus   Eine Strömung des Denkens, dass Platons Ideen auf die ganze Natur ausgedehnt werden müssen, und ein Bestandteil jedes einzelnen Organismus und all dessen, was existiert, werden muss.

vorstellung   Begriff, der seit Beginn der Philosophie verwendet wird und ursprünglich auf eineursprüngliche und substanzielle Essenz hinweist. Heute hat sie der gemeinsamen Sprache eine eingeschränktere Bedeutung angenommen, die sich in der Regel auf eine Repräsentation oder ein Projekt des Geistes bezieht.

Wellenfunktion	In der Quantenmechanik repräsentiert die Wellenfunktionden Zustand eines physikalischen Systems. Es ist eine komplexe Funktion von Raum-und Zeitkoordinaten und ihre Bedeutung ist die einerAmplitude der Wahrscheinlichkeit.
Welt der Ideen	DasHyperuranium, oder die Ideenwelt, ist ein Konzept von Platon, das in*Phaedrus*ausgedrückt wird.
Wie viel	In der Quantenmechanik heißt es "wie viel" eine diskrete und unteilbare Menge einer bestimmten Größe. Im weiteren Sinne wird der Begriff manchmal als Synonym für "Partikel"verwendet.
wiederbelebung	Zurück zum Leben nach dem Tod, miteinerAnalogie zum Erwachen nach dem Schlaf. Allen Religionen gemeinsam, die die Wiederbelebungder Seele des Verstorbenen voraussehen, ist das der Komplex seiner Spiritualität.
Wormhole	Verknüpfung zwischen zwei Punkten im Universum.
ZeitPfeil	Phänomen, nach dem die Zeit immer in die gleiche Richtung zu fließen scheint, von der Vergangenheit in die Zukunft, nach einer Art von einzigartigem Sinn. Es definiert den Zeitpfeil des Phänomens (real, beobachtbar und komplex) so, dass sich ein physisches System von einem Anfangszustand S in der Zeit T zu einem endgültigen Zustand S2 bei einem T2 entwickelt und nie wieder in den Zustand S zurückkehren wird.
zufall	Vertrauen aus vernünftigen Gründen getröstet.

Bibliography

Amir Dan Aczel, Entanglement. The greatest mystery of physics.

Barbour Julian, End of the time.

Barrow John David, From zero to infinity. The great story of Nothing.

Barrow John David, The numbers of the universe,

Barrow John David, Why is the world a mathematician?

Barrow John David, look Frank The anthropic principle.

Beitman Bernard, Messages from coincidences.

Cambray Joseph, Synchronicity. Nature and Psyche In a connected universe.

Cantalupi Tiziano, Santarcangelo Donato, Psychism and reality. .

Capra Fritjof, The Tao of physics.

John Cederquist, Coincidences They don't exist.

Cesati Cassin Marco, We're not here by chance.. The power of coincidences.

Subrahmanyan Chandrasekhar, Truth and Beauty. The reasons for aesthetics in science.

Chinnici Giorgio, Case Guard. The secret mechanisms of the quantum world

Chopra Deepak, Coincidences

Ford Kenneth, The world of Quanta. Quantum physics For everyone.

Gamow George, The Adventures of Mr. Tompkins.

Gamow George, Mr. Tompkins ' New World.

Goswami Arneb, Quantum Lighting Guide.
Greene Brian, The plot of the cosmos. Space,
Greene Brian, The hidden universes of parallel reality And the profound laws of the cosmos.
Greene Brian, The elegant universe. Superstrings, hidden dimensions and the pursuit of definitive theory.
Hawking Stephen The Universe in a nutshell.
Hawking Stephen The theory completely. Origin and destination Dell Universe.
Hawking Stephen The great history of the time.
Hawking Stephen Do Big Bang For black holes. A brief history of the universe.
Heckler, Richard, Coincidences.
Robert Hopke, Nothing happens by chance.
Joseph Frank, The power of coincidences.
Young Carl The analysis of Dreams. Archetypes of the unconscious. Synchronicity.
Young Carl Memories, DreamsReflections.
Kane Gordon, The Garden of Particles Elemental.
Shani Mani Quantum. From Einstein In Bohr, quantum theory, a new idea of reality..
Rei Hans, Christianity and Chinese religiosity.
Lederman Leon, Hill Christopher, Physical Quantum for Poets
Licata Ignazio, Watching the Sphinx.
Motterlini Matteo, Mental traps.
Peat David, Synchronicity. A union between the matter e Psyche.
Popper Karl, The Ego and your brain.
Radin Dean. Intertwined minds. Psychic phenomena explained by quantum physics.
Rhine Louisa, Psychokinesis. in mind Dominates matter..
Schumacher Ernst, A guide to the Perplexed, the B
Sheldrake Rupert, The illusions of Science.
Sheldrake Rupert, The mind Extended..
Michael Smith, Young and Shamanism.

Sparzani and Panepucci. (Curators) Young and Pauli. The original correspondence: The meeting between psyche and matter.

Henry Stapp Quantum theory and free will..

Michael Talbot, All is a. Feltrinelli

Teodorani Massimo, Bohm. The Physics of Infinity.

Teodorani Massimo, in mind Creative. From the physical universe to intelligent life.

Teodorani Massimo, The entanglement. The Weave In the quantum world: particles To consciousness.

Teodorani Massimo, Synchronicity. The link between physics and psyche. Da Pauli Young ' s Next In Chopra.

Teodorani Massimo, The Atom and the particles Elementary.

Seems Frank The physics of Immortality.

John White, The encounter between science and spirit..

Claudio Widmann, Synchronicity and coincidences Significant.

Claudio Widmann, Introduction to Synchronicity.

Das Universum ist intelligent. Die Seele existiert.

Wolfgang Kroemer ist das Pseudonym von Bruno Del Medico, Blogger, Autor, Redakteur, spezialisiert auf die Verbreitung von Themen im Zusammenhang mit aktuellen gesellschaftlichen Ereignissen und den neuen Grenzen der Wissenschaft. Er ist Autor vieler Bücher über die jüngste Pandemie und von Essays über Quantenphysik und Metaphysik.